AF851161

Guía de iniciación a la MICOLOGÍA en el Parque Natural Los Alcornocales

Manuel Becerra Parra
Estrella Robles Domínguez

Editorial LA SERRANÍA, 2012

© EDITA:
ASOCIACIÓN GRUPO DE DESARROLLO RURAL DE LOS ALCORNOCALES
C/ Los Pozos, s/n
11180 Alcalá de los Gazules (Cádiz)

AUTORES:
Manuel Becerra Parra
Estrella Robles Domínguez

PRODUCCIÓN EDITORIAL:
EDITORIAL LA SERRANÍA SL
C/ Tomilla, 55 - 29400 Ronda (Málaga)
Tfno.: 952 87 22 01
editorial@laserrania.org - www.laserrania.org

FOTOGRAFÍAS: Manuel Becerra Parra y Estrella Robles Domínguez, excepto aquéllas en las que se indica otro autor.

DIRECCIÓN EDITORIAL:
Isabel María Sánchez Heras
José Manuel Dorado Rueda

MAQUETACIÓN:
Álvaro Sedeño Márquez

Fotografía de cubierta: *Gymnopilus suberis*

Primera edición: marzo de 2012

ISBN: 978-84-15030-50-8
DEPÓSITO LEGAL: MA 584-2012

Impreso en Andalucía por Imagraf Impresores

Reservados todos los derechos. No se permite reproducir, almacenar en sistemas de recuperación de la información ni transmitir parte alguna de esta publicación, cualquiera que sea el medio empleado –electrónico, mecánico, fotocopia, grabación, etc.–, sin el permiso previo y por escrito de Editorial La Serranía, S.L. El Centro Español de Derechos Reprográficos vela por el respeto de los citados derechos.

Cualquier forma de reproducción, distribución, comunicación pública o transformación de esta obra sólo puede ser realizada con la autorización de sus titulares, salvo excepción prevista por la ley. Diríjase a CEDRO (Centro Español de Derechos Reprográficos, *www.cedro.org*) si necesita fotocopiar o escanear algún fragmento de esta obra.

Al GDR de Los Alcornocales por haber hecho posible que esta publicación vea la luz y apostar por la promoción y puesta en valor de los recursos micológicos en el ámbito de este espacio natural protegido.

A Asier Ayala e Isidro Frutos por la cesión de magníficas fotografías.

A Luis Gómez y Josefa Herrera, del Restaurante El Ventorrillero, por las recetas que se incluyen en este libro.

A Antonio Ocaña, responsable de la empresa Demonte.

A Beli Casillas, Teo Jiménez y Guillermo Guerrero, presidentes respectivamente de las asociaciones micológicas Saepo de Cortes de la Frontera, Chantarela de Jimena de la Frontera y Los Alcornocales de Benalup-Casas Viejas; por habernos facilitado toda la información que le hemos pedido sobre dichas asociaciones.

A los hosteleros que tan amablemente nos han atendido e informado de las recetas que elaboran en sus establecimientos a base de setas silvestres.

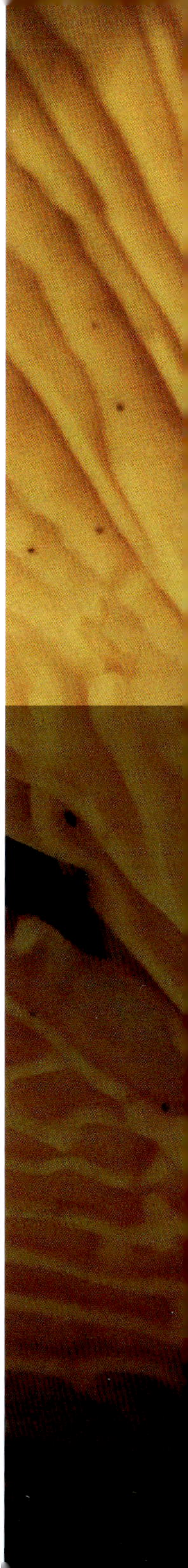

Índice

INTRODUCCIÓN

- Prólogo 6
- Introducción 7

1. EL PARQUE NATURAL 8

- **1.1.** El medio físico 9
- **1.2.** El paisaje vegetal 10

2. EL REINO FUNGI

- **2.1.** Qué son los hongos 12
- **2.2.** Cómo se clasifican los hongos 13
- **2.3.** Modos de vida 13
- **2.4.** Morfología de las setas 15

3. CONSEJOS PRÁCTICOS para la recolección y consumo de setas 19

4. INTOXICACIONES CAUSADAS POR SETAS 24

- **4.1.** Intoxicaciones de tiempo de aparación corta 25
- **4.2.** Intoxicaciones de tiempo de aparación larga 27

5. SETAS COMESTIBLES

- Yema de huevo (*Amanita caesarea* (Scop.) Pers.) 30
- Hongo negro (*Boletus aereus* Bull.) 31
- Hongo calabaza (*Boletus edulis* Bull.) 32
- Boleto amarillento (*Boletus impolitus* Fr.) 33
- Boleto reticulado (*Boletus reticulatus* (Schaeff.) Boud.) 34
- Chantarela (*Cantharellus pallens*. Pilát) 35
- Molinera (*Clitopilus cystidiatus*. Hauskn. & Noordel.) 36
- Trompeta negra (*Craterellus cinereus* (Pers.) Donk) 37
- Trompeta de los muertos (*Craterellus cornucopioides* (L.) Pers.) 38
- Angula de monte, trompeta amarilla (*Craterellus lutescens* (Fr.) Fr.) 39
- Angula gris (*Craterellus tubaeformis* (Fr) Quél.) 40
- Gamuza, lengua de vaca (*Hydnum repandum* L.) 41
- Lengua de gato (*Hydnum rufescens* Pers.) 42
- Níscalo (*Lactarius deliciosus* (L.) Gray) 43
- Níscalo arrugado (*Lactarius rugatus*. Kühner & Romagn.) 44
- Níscalo vinoso (*Lactarius vinosus*. Quél.) 45
- Faisán (*Leccinum lepidum* (H. Bouchet ex Hésete) Bon & Contu) 46
- Parasol (*Macrolepiota procera* (Scop.) Singer) 47

- Seta de ostra (*Pleurotus ostreatus* (Jacq.) P. Kumm.) 48
- Crespilla rosa (*Ramaria botrytis* (Pers.) Ricken) 49
- Rúsula dorada (*Russula aurea* Pers.) 50
- Carbonera (*Russula cyanoxantha* (Schaeff.) Fr.) 51
- Rúsula comestible (*Russula vesca* Fr.) 52
- Gorro verde (*Russula virescens* (Schaeff.) Fr.) 53

6. SETAS TÓXICAS EN CRUDO 54
- Amanita vinosa (*Amanita rubescens* (Pers.) F.S. Gray) 55
- Pie azul (*Lepista nuda* (Bull.) Cooke) 56

7. SETAS TÓXICAS
- Champiñón amarilleante (*Agaricus xanthodermus* Genev.) 58
- Matamoscas (*Amanita muscaria* (L.) Lam.) 59
- Oronja pantera (*Amanita pantherina* (DC.) Krombh.) 60
- Oronja verde (*Amanita phalloides* (Vaill. ex Fr.) Link) 61
- Hongo de vaca (*Boletus luteocupreus.* Berteá & Estadés) 62
- Hongo de vaca (*Boletus rhodoxanthus* (Kronmb.) Kallenbach) 63
- Cortinario de montaña (*Cortinarius orellanus* (Fr.) Fr.) 64
- Pérfida (*Entoloma lividum* (Bull.) Quél.) 65
- Seta rebordeada (*Galerina autumnalis* (Peck.) Smith & Singer) 66
- Seta de chaparro (*Gymnopilus suberis* (Maire) Singer) 67
- Hifoloma de láminas verdes (*Hypholoma fasciculare* (Fr.) P. Kumm.) 68
- Seta de olivo (*Omphalotus olearius* (DC.) Singer) 69
- Ramaria elegante (*Ramaria formosa* (Pers.) Quél.) 70
- Seta azufrada (*Tricholoma sulphureum* (Bull.) P. Kumm.) 71

8. LA MICOLOGÍA en el Parque Natural Los Alcornocales
- **8.1.** Diversidad fúngica 72
- **8.2.** Micoturismo 73
- **8.3.** Micogastronomía 76
- **8.4.** Comercialización de setas 78
- **8.5.** Asociaciones y jornadas micológicas 79

9. COCINAR CON SETAS
- **9.1.** Cómo conservar las setas 80
- **9.2.** Recetas 81

GLOSARIO 86

BIBLIOGRAFÍA 87

ANEXO Aproximación al catálogo micológico del Parque Natural Los Alcornocales 90

Cortinarius trivialis

Prólogo

Para el GDR de Los Alcornocales, constituye un enorme placer presentarles esta Guía de Setas de nuestro Parque Natural que pretende introducirnos en el apasionante mundo de la micología.

Los recientes cambios en la demanda y el apoyo de las administraciones públicas al medio rural, han convertido a las setas en un recurso endógeno y en una herramienta clave para el desarrollo rural al incidir de forma directa en la conservación del paisaje (aumentando el arraigo de la población hacia sus bosques) y en la estructura social y económica, pues supone un importante reclamo turístico y puede contribuir al mantenimiento de la identidad de las culturas locales.

El creciente interés por la micología se refleja también en las tendencias gastronómicas actuales, ya que cada vez son más frecuentes los restauradores que utilizan las setas y experimentan nuevos platos utilizándolas como base de los mismos, pues suponen una fuente inagotable de investigación gastronómica.

Esta Guía pretende ser una herramienta útil, en general, para identificar fácilmente las setas del Parque Natural de Los Alcornocales por parte de aquellas personas que deseen iniciarse en este fascinante mundo y a través de ella difundir determinadas pautas que permitan una recolección responsable y con escasos o ningún impacto negativo para el monte y las personas que la llevan a cabo.

Desde las especies más conocidas hasta las más curiosas se dan cita en este libro, especificándose en cada una de ellas si es comestible o no, si es tóxica y su grado de toxicidad, si carece de valor culinario, si es una seta poco apreciada, o si nos encontramos ante un manjar excelente.

Por todo ello, desde el GDR, siendo conscientes de que la micología aporta beneficios sociales, ambientales y económicos y puede contribuir al desarrollo rural de Los Alcornocales, manifestamos nuestro compromiso de seguir apoyando este tipo de trabajos que contribuyan a difundir el valioso patrimonio natural que alberga este territorio, en una obligada apuesta por el futuro de nuestro entorno natural, fruto del conocimiento, respeto y vínculo de los alcornocaleños con el mismo.

Luis Romero Acedo
PRESIDENTE DEL GDR DE LOS ALCORNOCALES

Amanita citrina

Introducción

La creciente afición a la recolección de setas silvestres en Andalucía, y en especial en el Parque Natural Los Alcornocales, hace necesarias publicaciones como ésta que introduzcan a los recolectores inexpertos en la micología y prevengan intoxicaciones de trágicas consecuencias, de un modo ameno y claro. Para ello hemos dividido el texto en nueve epígrafes en los que se tratan todos los aspectos relacionados con el atractivo mundo de las setas en este espacio natural protegido andaluz.

En el primer capítulo se hace un repaso al Parque Natural Los Alcornocales, a su medio físico, a las distintas formaciones vegetales que crecen en él, los municipios que lo conforman o las figuras de protección con las que cuenta.

Le sigue el apartado correspondiente al reino Fungi, donde se explica de manera concisa qué son los hongos, cómo se clasifican, cómo obtienen el alimento y en qué caracteres de las setas deberemos fijarnos para saber clasificarlas correctamente.

Continúan un par de epígrafes referentes a los consejos prácticos de cara a la recolección y consumo de setas y a las intoxicaciones provocadas por su ingesta.

Destacan en el conjunto del libro la descripción de 40 especies diferentes de setas que se hace en los apartados cinco, seis y siete. Éstas se han dividido en comestibles, tóxicas en crudo y tóxicas. De cada una de ellas se da su nombre común y científico, se describen sus características morfológicas y se indican su hábitat, época de recolección, modo de vida, abundancia, comestibilidad, algunas cuestiones a tener en cuenta en relación a su posible confusión con otras especies y determinadas observaciones.

En los dos últimos capítulos de la obra se tratan las diferentes vertientes de la micología en Los Alcornocales, entre las que destacan distintas iniciativas que pretenden poner en valor este recurso forestal, y el aspecto culinario de las setas.

Completan esta publicación un glosario donde se recogen las palabras técnicas, la bibliografía empleada y una aproximación al catálogo micológico del Parque Natural Los Alcornocales, donde se enumeran cada uno de los taxones presentes en él.

Hericium erinaceum

1. El Parque Natural

Situado en el extremo sur de la Península Ibérica y declarado Parque Natural en 1989, Los Alcornocales alberga la masa de alcornocal mejor conservada del continente europeo, motivo que lo hizo meritorio de la figura de protección que ostenta y al cual debe su nombre.

Sus 167.767 ha de extensión se extienden por los municipios gaditanos de Alcalá de los Gazules, Algar, Algeciras, Arcos de la Frontera, Benalup-Casas Viejas, Castellar de la Frontera, El Bosque, Jerez de la Frontera, Jimena de la Frontera, Los Barrios, Medina Sidonia, Prado del Rey, San José del Valle, Tarifa y Ubrique; y el malagueño de Cortes de la Frontera.

Además, por sus valores naturales y paisajísticos cuenta con otras figuras de protección como consecuencia de su inclusión en la red ecológica europea Natura 2000. Es el caso de Zona de Especial Conservación (ZEC) y Zona de Especial Protección para las Aves (ZEPA).

1.1. MEDIO FÍSICO

Ocupando el extremo más occidental de las Cordilleras Béticas, la orografía de Los Alcornocales queda marcada por una sucesión de sierras y lomas inconexas y de moderada altitud que se extienden, sin solución de continuidad, desde la Serranía de Ronda al norte hasta el Estrecho de Gibraltar al sur. Su máxima cota es el pico Aljibe (1.092 m), emplazado en la sierra homónima; otras elevaciones reseñables son el cerro del Castillo (939 m), el pico del Montero (915 m), el tajo de la Corza (824 m) y la cruz del Romero (781 m).

Su geología queda marcada por el predominio de los materiales flischoides del complejo del Campo de Gibraltar, en su mayor parte arcillas y areniscas silíceas de naturaleza ácida, que influyen notablemente en la flora y vegetación de este territorio. No obstante, al norte de este espacio natural (sierra de las Cabras, Las Motillas) afloran materiales correspondientes a los dominios Subbético y Penibético de la Cordillera Bética, siendo posible localizar otros tipos de rocas como las calizas jurásicas y las margocalizas cretácicas.

Las sierras que conforman Los Alcornocales suponen el lugar de nacimiento de algunos de los ríos más importantes de la provincia de Cádiz, como son el Hozgarganta, el Barbate, el Guadarranque y el Palmones.

El clima, mediterráneo pero con fuertes influencias atlánticas a causa de su situación entre el océano Atlántico y el mar Mediterráneo, está caracterizado por los intensos vientos tanto de levante como de poniente; unas elevadas precipitaciones, que en Sierra Luna superan los 1.700 mm anuales, aunque con una marcada estacionalidad, que en las sierras más meridionales se ve mitigada por la llamada lluvia horizontal; y unas temperaturas suaves cuya media oscila en torno a los 20 °C. ▶

Picacho al atardecer

1.2. EL PAISAJE VEGETAL

La vegetación del Parque Natural Los Alcornocales está marcada por la naturaleza mayoritariamente silícea de los materiales que afloran en él y su clima, húmedo y de temperaturas suaves.

La formación dominante es el alcornocal, cuyo cortejo florístico varía en función de la altitud y de las precipitaciones. Así, en las zonas basales y menos lluviosas aparecen los alcornocales con mirtos (*Myrtus communis*), donde el alcornoque (*Quercus suber*) se ve acompañado además por lentiscos (*Pistacia lentiscus*), acebuches (*Olea europaea* var. *sylvestris*), jérguenes (*Calicotome villosa*), etc. Por su parte, en las zonas más elevadas y húmedas de las sierras que componen este espacio natural protegido, crecen los alcornocales con salvia amarga (*Teucrium baeticum*); éstos presentan un sotobosque formado por escobones (*Cytisus villosus*), genistas (*Genista linifolia*, *G. monspessulana*), madroños (*Arbutus unedo*), entre otras especies arbustivas. Estos alcornocales se enriquecen en las vaguadas con quejigo moruno (*Quercus canariensis*).

En fondos de valle y zonas de alta pluviometría se desarrollan los quejigales morunos. Junto a los quejigos aparecen numerosos arbustos de hoja lauroide como el durillo (*Viburnum tinum*). Un ejemplo representativo de este tipo de bosque lo podemos encontrar en el valle de Ojén y más concretamente en el arroyo de San Carlos del Tiradero. Un tipo especial de estos quejigales lo hallamos en Sierra Luna, donde el quejigo al abrigo de las fecuentes nieblas se acompaña de quejiguetas (*Quercus lusitanica*) y acebos (*Ilex aquifolium*).

Relegados a las cumbres de la sierra del Aljibe, loma del Castillo y tajos de la Corza se encuentran los melojares. Junto al roble melojo (*Quercus pyrenaica*) se localizan otras especies como el quejigo moruno, el escobón o genistas (*Genista monspessulana*). En general son masas muy degradadas, en muchos casos compuestas por ejemplares de escaso porte o arbustivos.

Alcornocal

Bosque de niebla en la sierra de Algeciras

En zonas de bujeo, sobre arcillas, se desarrollan acebuchales, los cuales frecuentemente han sido transformados por el hombre en pastizales para el ganado.

De gran interés es la vegetación asociada a los cursos de agua que drenan este territorio y en concreto a aquellos ríos y arroyos más encajados, conocidos en estas tierras como canutos. En la cabecera de éstos crece una vegetación relíctica similar a la que ocupaba las Cordilleras Béticas en el Terciario, en la que dominan especies arbóreas de hoja lauroide como el ojaranzo (*Rhododendron ponticum*), el avellanillo (*Frangula alnus* subsp. *baetica*) o el laurel (*Laurus nobilis*) y helechos subtropicales como *Culcita macrocarpa*, *Pteris incompleta*, *Diplazium caudatum* y *Vandenboschia speciosa*. Aguas abajo, la laurisilva es sustituida por alisedas, fresnedas y alamedas.

Completan el paisaje vegetal de este espacio natural protegido los matorrales propios de crestas y lugares venteados, con suelos muy pobres, conocidos como herrizas. En ellos crecen brecinas (*Calluna vulgaris*), brezos (*Erica umbellata*, *E. australis*), jaras cervunas (*Cistus populifolius* subsp. *major*), robledillas (*Quercus lusitanica*), etc.

Micelio y cuerpos fructíferos (setas) de *Stropharia aeuruginosa*

2. El reino Fungi

2.1. QUÉ SON LOS HONGOS

Aunque en el lenguaje popular se suelen confundir los términos hongo y seta, hay que precisar que no son lo mismo. En realidad el hongo está formado por unas estructuras vegetativas filamentosas, denominadas hifas, que en su conjunto conforman lo que se conoce como micelio; éste no suele observarse en la naturaleza, ya que suele estar bajo tierra o, en el caso de aquellas especie parásitas o lignícolas, en el interior de la madera. Por otro lado, la seta no es más que el cuerpo fructífero o fruto del hongo. No obstante, nosotros utilizaremos en esta obra ambos términos como sinónimos.

Tradicionalmente, los hongos se han encuadrado dentro del reino vegetal, de ahí que aún hoy en día, en las universidades, se estudien dentro de la asignatura de botánica. Sin embargo, el grado de conocimiento que actualmente se tiene sobre estos seres vivos ha permitido incluirlos en un reino aparte: el *Fungi*. Esto se debió a varios motivos fundamentales:

- Al contrario que las plantas, carecen de clorofila, por lo que son organismos heterótrofos, es decir, obtienen los nutrientes necesarios para llevar a cabo sus funciones vitales de otros seres vivos, ya sean plantas, animales u otros hongos.
- Sus paredes celulares están formadas por quitina y no por celulosa, como ocurre en los vegetales.
- Por último, la sustancia de reserva, al igual que en los animales, es el glucógeno.

2.2. CÓMO SE CLASIFICAN LOS HONGOS

El modo en que los hongos han sido clasificados ha evolucionado a lo largo del tiempo y aún hoy varía en función de los autores que se consulten, si bien tradicionalmente se han considerado los hongos inferiores (micromicetos) y los hongos superiores (macromicetos); estos últimos caracterizados por sus fructificaciones, las setas. Resumiendo y centrándonos en estos últimos, que son aquellos que resultan de interés para el recolector, podemos clasificar a los hongos en dos grandes grupos:

- **Ascomicetos:** son aquéllos en los que las esporas se desarrollan en el interior de pequeñas vainas, a modo de sacos microscópicos, denominados ascas, donde maduran. A continuación, la bolsa se abre y son expulsadas al exterior. Cada asca contiene normalmente ocho esporas. Las colmenillas y trufas son sus representantes más populares.
- **Basidiomicetos:** en este grupo, las esporas se producen en unos pequeños órganos con forma de maza que constituyen una especie de racimo microscópico que alberga generalmente cuatro esporas. Son más evolucionados que los anteriores y producen carpóforos más complejos. Las amanitas, boletos, champiñones, níscalos y otras setas típicas se incluyen en esta división.

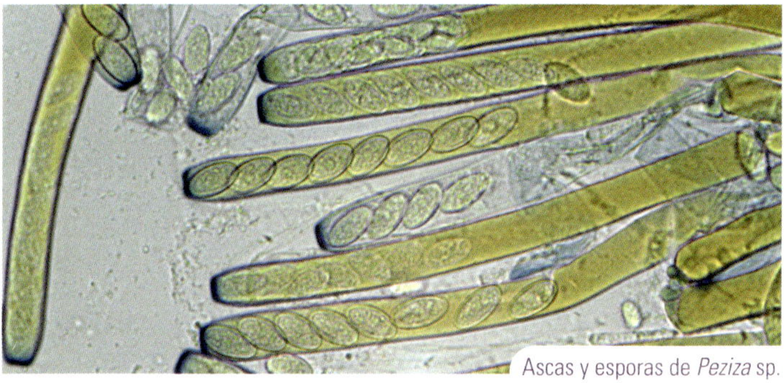

Ascas y esporas de *Peziza* sp.

2.3. MODOS DE VIDA

El modo en que los hongos consiguen los nutrientes necesarios para desarrollar sus funciones vitales los clasifica en tres tipos diferentes: **saprófitos**, **parásitos** y **micorrizógenos**.

Los **hongos saprófitos** viven sobre materia orgánica muerta, contribuyendo con su descomposición a los ciclos del carbono, el azufre o el nitrógeno, entre otros. En función del sustrato del que se alimentan se consideran diferentes grupos:

- **Lignícolas:** descomponen madera muerta. Es el caso del yesquero (*Fomes fomentarius*).
- **Pratícolas:** viven en los prados, alimentándose de restos vegetales. Entre ellos podemos citar a la seta de cardo (*Pleurotus eryngii*).
- **Coprófilos o fimícolas:** se desarrollan sobre excrementos de animales y estiércol. Un ejemplo es *Stropharia semiglobata*.
- **Pirófilos o pirófitos:** crecen sobre madera y restos vegetales ▶

carbonizados. Entre éstos destacamos *Pholiota carbonaria*.

- **Ramícolas:** descomponen ramas muertas. *Ramaria stricta* es uno de ellos.
- **Humícolas:** obtienen los nutrientes del humus y del mantillo. Entre éstos podemos citar a los champiñones (*Agaricus* spp.) o algunas especies del género *Coprinus* como *C. lagopus*.
- **Foliícolas:** crecen sobre las hojas muertas. Es el caso de *Marasmius quercophyllus*.
- **Estrobilícolas:** son los típicos hongos que podemos observar sobre piñas y otros frutos. Un ejemplo es *Mycena seynesii*, que crece sobre piñas.
- Existe un último tipo que descompone huesos, cuernos y pezuñas de animales. Su representante más característico es *Onygena equina*, seta típica que aparece sobre las pezuñas de ungulados.

Ramaria stricta

Otros hongos, denominados **parásitos**, se nutren a expensas de diferentes seres vivos, principalmente plantas, pero también animales e incluso setas, causándoles un perjuicio que le puede provocar enfermedades o incluso la muerte. Pueden ser obligados (cuando ocasionan la muerte del hospedante fructifican y cumplen su ciclo vital) o facultativos (provocan la muerte del hospedante y pasan a comportarse como saprófitos). Un ejemplo de estos últimos, también conocidos como sapro-parásitos, es la seta de ostra (*Pleurotus ostreatus*).

Un tercer tipo lo constituyen los **hongos micorrizógenos**. Éstos crecen en simbiosis con diferentes especies vegetales, frecuentemente árboles, pero también matorrales como las jaras, estableciéndose una relación mutualista en la que ambos organismos obtienen beneficios. En este tipo de asociación el hongo recibe de las plantas los denominados exudados radiculares, sustancias segregadas por las raíces que le aportan glúcidos y otros hidratos de carbono que, al carecer de clorofila, es incapaz de producir por sí mismo. Por su parte, el árbol obtiene una serie de beneficios como son vitaminas y hormonas de crecimiento; un aumento de la superficie de captación del agua y de la capacidad de absorción de nutrientes; protección frente a enfermedades gracias a los antibióticos que sintetiza el hongo; y una mejora de la solubilidad de las sales minerales presentes en el suelo. Ejemplos de hongos micorrícicos son la mayoría de las especies de los géneros *Amanita* y *Boletus*, que viven asociadas a diferentes fagáceas como las encinas, quejigos y alcornoques, o los níscalos (*Lactarius deliciosus*, *L. vinosus*) que crecen bajo pinos.

Amanita

Morchella

Boletus

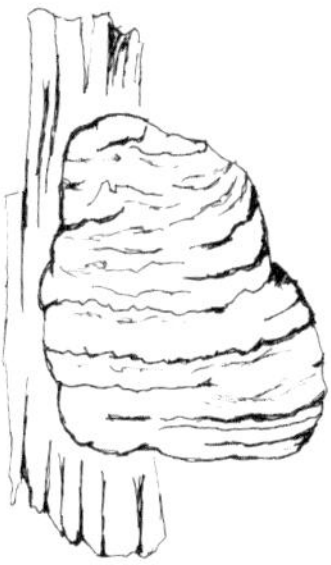
Fomes

Geastrum

Ramaria

Morfología de fructificaciones de hongos

2.4. MORFOLOGÍA DE LAS SETAS

Conocer las diferentes partes que componen una seta es uno de los primeros aspectos de la micología que todo aficionado, en especial si está iniciándose en este mundo, debe aprender. Es por ello que de cara a determinar y clasificar las distintas especies que nos encontremos en el monte, sea de vital importancia que sepamos desenvolvernos con facilidad con algunos conceptos básicos sobre la morfología de las setas.

En primer lugar, hay que diferenciar entre caracteres macroscópicos (aquéllos que se distinguen a simple vista) y caracteres microscópicos (para los que se necesita el uso de microscopio). Dado que esta obra está concebida como una guía de iniciación a la micología, nos centraremos en los primeros.

Las formas que presentan las setas son muy variadas. Una muestra de todas ellas se ilustra en la lámina que mostramos arriba.

El cuerpo fructífero del hongo se divide en sombrero, himenio y pie.

El sombrero

También llamado píleo, constituye la zona más visible de las setas y la que suele llamar la atención cuando observamos una de ellas. Además, es de gran importancia a la hora de identificar algunas especies. ▶

▶ Son múltiples las formas que puede presentar el sombrero: globoso, campanulado, cónico, convexo, plano, elíptico, mamelonado, umbilicado, infundibuliforme, etc., como se aprecia en la lámina que vemos abajo.

Dentro de él se distinguen los siguientes elementos:

• **Cutícula:** Es la piel que recubre el sombrero, con diversas tonalidades que pueden variar dentro de una misma especie en función del clima (tiempo seco-tiempo húmedo). El grado de humedad también incide en la viscosidad de ésta, que suele hacerse más patente tras las lluvias. El aspecto de su superficie también varía: lisa, rugosa, aterciopelada, con fibrillas, con verrugas, con escamas, etc. Además, puede presentar bandas concéntricas circulares y manchas. El espesor también es muy variable y en algunos géneros, caso de las rúsulas, es fácilmente separable de la carne.

• **Margen:** Constituye el borde del sombrero. Puede presentar diversos aspectos: liso, fibroso, escamoso, acanalado, tomentoso, estriado, rajado, lobulado, etc.

• **Carne:** Atendiendo a su textura, puede ser granulosa, fibrosa, compacta, etc. El color en algunos casos varía al corte o al contacto con los dedos; esto es importante a la hora de determinar varias especies, en particular en el caso de los boletos, donde existen algunos taxones en los que vira a distintos colores como azul, rojo o verde. El olor y el sabor son también factores diagnósticos de gran relevancia. Para apreciar el sabor, siempre que estemos seguros de que no se trata de una seta mortal, se toma un trocito que masticaremos durante algunos segundos para a continuación escupirlo. Esto está indicado para distinguir algunas especies de rúsulas por su característico sabor picante o dulce, según los casos.

Formas del sombrero

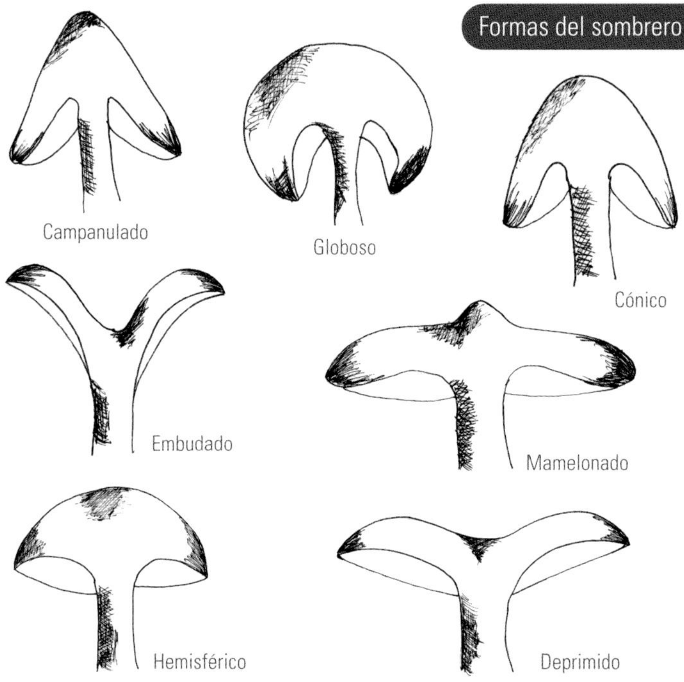

Tipos de himenio

Poros

Pliegues

Aguijones

Láminas

El himenio

También denominado himenóforo, es la parte de la seta donde se hallan las células encargadas de producir las esporas. Puede estar compuesto por láminas, pliegues, tubos, aguijones o incluso ser liso. Esta particularidad es utilizada para separar taxonómicamente algunos órdenes; por ejemplo, los agaricales presentan láminas y los boletales, tubos.

En cuanto a las láminas, el color puede modificarse con el paso del tiempo, debido a las esporas que se depositan sobre ellas. También la forma de unirse al pie puede ser muy variada. En la lámina superior se muestran los principales tipos que existen, según cómo se insertan en el pie. Además, otra característica muy importante es la anchura en relación al espesor de la carne, pudiendo ser estrechas, anchas o ventrudas. En algunas especies, principalmente en el género *Lactarius*, las láminas segregan látex cuando son rozadas o sufren algún tipo de corte o rotura.

Si el himenio está constituido por tubos, hay que tener presentes determinados factores a la hora de identificar una seta: el diámetro y la forma de los poros (desde circular hasta poligonal), el color y la inserción de éstos en la carne. Para una correcta observación de estas dos últimas características es conveniente practicar un corte paralelo al pie para ver si se separan con facilidad de la carne.

La esporada o depósito de esporas en masa, y más concretamente el color de ésta, es un factor de gran relevancia para lograr identificar algunas especies y distinguirlas de otras semejantes. Para analizarla, separamos el sombrero del pie y lo colocamos sobre un papel blanco o negro. Si estamos en el campo y no podemos realizar esta operación, nos fijaremos en el anillo o en las láminas, lugares donde se depositan las esporas. ▶

El pie

También denominado estípite, es la parte del cuerpo fructífero que sostiene al sombrero. Tanto su morfología como su base y su superficie son muy variopintas. En las láminas se muestran los distintos tipos de pie en función de estas características.

En el pie pueden diferenciarse algunos elementos de gran interés para la identificación de las setas, como son la cortina, el anillo y la volva.

La cortina es propia del género *Cortinarius* y de algunas especies del género *Inocybe*. Está formada por unos hilillos que asemejan una cortina, de ahí su nombre, y que protegen al himenio. Sólo es apreciable en ejemplares jóvenes, ya que al madurar la seta, tan sólo quedan algunos restos sobre el pie.

El anillo está formado por los restos del llamado velo parcial, cuya función es la de proteger las láminas o los tubos antes de que maduren. Puede ser persistente o fugaz, simple o doble, fijo o móvil; y en cuanto a su forma, lobulado, plisado, etc. En la lámina aparecen representados los diferentes tipos de anillos.

La volva es una especie de saco que envuelve la base del pie de las especies de los géneros *Amanita* y *Volvariella* que representa los restos del velo universal. Para su correcta observación deberemos sacar la seta por completo, ya que frecuentemente se encuentra enterrada o semienterrada. ■

Tipos de pie

Anillo de *Armillaria mellea*

Cortina de *Cortinarius* sp.

Retículo de *Boletus reticulatus*

Volva de *Amanita vaginata*

Un buena bibliografía es indispensable para la correcta identificación de las setas

3. Consejos básicos
para la recolección y consumo de setas

Desde hace unos años la afición a la micología está al alza en Andalucía, de tal forma que, en nuestra comunidad autónoma, hemos pasado de ser una región micófoba a que miles de personas salgan al campo, en otoño, para recolectar setas. El Parque Natural Los Alcornocales no ha sido una excepción y el número de recolectores, muchos de ellos neófitos en la materia, aumenta notablemente cada temporada; por ello, a continuación exponemos algunos consejos prácticos destinados a evitar sustos derivados del consumo de setas en mal estado, tóxicas o incluso mortales, y para conseguir que durante muchos años más podamos ir a nuestros montes a disfrutar de este pasatiempo.

Uno de los primeros requisitos es disponer de una buena guía sobre setas de la zona para comenzar a familiarizarnos con las más frecuentes del territorio. En este caso, la guía que tienes en tus manos sólo recoge las principales especies comestibles y tóxicas que se pueden encontrar en Los Alcornocales, por lo que para una mayor profundización se recomienda consultar algunos de los libros que se recogen en la bibliografía.

Nunca basaremos la identificación de una seta en una foto. Hay que realizar un profundo examen del ejemplar, estudiando cada uno de sus caracteres identificativos.

Es también recomendable que en nuestros inicios micológicos salgamos acompañados de personas experimentadas en la materia.

Para ello, podremos contactar con alguna empresa especializada en micoturismo, donde expertos micólogos nos mostrarán cómo diferenciar las principales setas comestibles y tóxicas, o asociación micológica; estas últimas están bien representadas en el Parque Natural y prodremos encontrar en los últimos apartados de esta obra cómo contactar con ellas. Otra opción es acudir a las jornadas micológicas que cada otoño se celebran en Jimena de la Frontera y Cortes de la Frontera.

Es importante el equipo del setero. Para ir al monte deberemos pertrecharnos de un calzado adecuado, preferentemente unas botas que no se calen y con suela antideslizante, y ropa cómoda. Hay que llevar un impermeable en la mochila, ya que la época de recolección coincide con la estación más lluviosa del año. No hay que olvidar un bastón, una navaja, un cepillo para limpiar las setas de tierra y un cesto de mimbre, caña, esparto o palma. Un GPS tampoco viene mal para evitar perdernos en los fragosos montes de Los Alcornocales.

La temporada de setas coincide con el periodo en que está abierta la veda de caza en Andalucía, lo que suele entrañar un cierto peligro para el recolector. Son muchas las fincas en este espacio natural protegido que realizan monterías, por lo que deberemos estar al tanto de las fechas en las que se realizan éstas. Para ello podremos informarnos en la oficina del Parque Natural situada en Alcalá de los Gazules.

En caso de que recolectemos setas en fincas privadas, pediremos permiso al propietario y respetaremos las vallas, angarillas, ganado, etc.

Existen discrepancias a la hora de determinar lo acertado de arrancar o no las setas. En este sentido, recomendamos que sean arrancadas para la correcta determinación de éstas. Según la legislación, la hoja de la navaja que utilicemos no debe superar los 11 cm.

La navaja nos será de gran ayuda para cortar o arrancar las setas

Deberemos limpiar las setas de tierra y zonas agusanadas en el monte

• Nunca emplearemos rastrillos, porque podríamos afectar al micelio. Además, esta práctica está prohibida.

• No debemos consumir setas que crezcan junto a carreteras, pistas forestales o zonas industriales, pues los hongos tienen la particularidad de absorber y acumular metales pesados tóxicos como el plomo, el cadmio o el mercurio, que pueden llegar a ser muy nocivos para la salud.

• No debemos pisar ni destruir aquellas setas que parezcan venenosas o desconocidas para nosotros. Los hongos juegan un importante papel en el ecosistema, puesto que mantienen relaciones simbióticas con muchas especies vegetales y descomponen la materia orgánica del suelo. Además, constituyen el alimento y el refugio de numerosos animales.

• Cuando encontremos un grupo de setas no las recolectaremos todas. Dejaremos algunas para que dispersen las esporas. Así se perpetuará la especie y podremos seguir disfrutando de nuestra afición por la micología.

• Hay que limpiarlas de tierra, arena u otros restos adheridos como hojas, ramitas, etc., con una brocha, cepillo o pincel pequeño. En la cesta conviene colocarlas con las láminas hacia abajo; así evitaremos que éstas se llenen de tierra.

• Debemos desechar setas viejas o que estén agusanadas, putrefactas o enmohecidas, porque causarán trastornos digestivos. Tampoco hay que recolectar ejemplares demasiado jóvenes, pues hay que dejarles tiempo para que diseminen las esporas. De camino, evitaremos una incorrecta identificación de la especie, porque ciertos caracteres concluyentes a la hora de reconocerla, únicamente aparecen cuando se ha completado la fructificación del hongo.

• Las setas son por naturaleza indigestas, por lo que no deberemos abusar de su consumo. ▶

El uso de canastos permitirá la dispersión de las esporas

▶ En cuanto a su conservación y su transporte, no es aconsejable usar bolsas de plástico, pues no permiten la dispersión de esporas y producen procesos de descomposición que hacen que setas comestibles se conviertan en dañinas. Siempre hay que utilizar canastos de mimbre, caña, palma, etc. No dejaremos durante mucho tiempo las setas en el frigorífico, porque aún con bajas temperaturas se estropean pronto.

• Nunca consumiremos una seta con miedo de que sea venenosa. En ese caso, aunque sea comestible, seguramente nos sentará mal.

• Al menor síntoma de indigestión o malestar hay que acudir al centro médico más próximo, porque la rapidez del diagnóstico y el tratamiento son de vital importancia. Es conveniente guardar al menos una seta de las que vayamos a comer por primera vez y así, en caso de intoxicación, será más fácil determinar qué especie la ha causado.

• Y por último, el consejo más importante: **nunca consumiremos una seta si no estamos completamente seguros de que es apta para el consumo**.

No debemos hacer caso a las falsas reglas que circulan relacionadas con las setas, entre las que podemos citar:

• El que una seta aparezca con signos de haber sido consumida por un animal es señal de que es comestible. Esto no es cierto, pues el metabolismo de los animales es distinto al nuestro, y sustancias que para ellos no son dañinas, para nosotros pueden llegar a ser mortales.

• Si una seta posee un olor y sabor agradables, podremos comerla. Esta afirmación no es correcta, ya que la famosa y mortal *Amanita phalloides* tiene un sabor dulce.

• Las setas que crecen sobre la madera son comestibles. Esto es falso, pues la *Galerina marginata*, que crece en la madera, puede provocar la muerte.

• Si se cocinan las setas con abundante sal y vinagre, desaparece su toxicidad. No es correcto, porque puede darse el caso de que incluso se potencie su efecto dañino.

• Si una seta se somete a cocimiento con una cuchara de plata y ésta ennegrece, significa que es deletérea. Debemos hacer caso omiso a esta regla, pues la chantarela, una de las más apreciadas, ennegrece la cuchara y, sin embargo, la oronja verde, un hongo mortal, no lo hace.

• Si al cocer setas les añadimos un diente de ajo y éste ennegrece, quiere decir que es tóxica. Al igual que en el caso anterior, muchas setas comestibles ennegrecen el ajo y otras venenosas no lo hacen.

• Aquellas setas cuya carne cambia de color al ser cortadas o tocadas son tóxicas. No es cierto, pues el afamado níscalo pasa de naranja a verde y es una de las setas comestibles más buscadas por los aficionados.

No consumiremos setas con las siguientes características:

• Sombrero escamoso con diámetro inferior a 5 cm. Por ejemplo, algunos taxones de *Lepiota* mortales pueden confundirse con los parasoles (*Macrolepiota* spp.).

• Sombrero cerebriforme (*Gyromitra esculenta*, mortal) o con forma de silla de montar (*Helvella* spp., tóxicas). Pueden confundirse con las colmenillas.

• *Amanitas* (algunas de ellas mortales) con la volva, láminas y anillos de color blanco, amarillo o verdoso. No consumir ninguna amanita con las láminas de color blanco.

• Sombrero con diámetro muy pequeño (1 cm) y que crezcan sobre madera (*Galerina marginata*, mortal) o praderas (*Clitocybe* spp.).

Gyromitra esculenta. Asier Ayala

Agaricus praeclaresquamosus, especie causante de síndrome gastroenterítico

4. Intoxicaciones causadas por setas

Todo aficionado a la micología debe conocer los diferentes tipos de intoxicaciones provocadas por las setas, cuáles son sus síntomas y cómo actuar en caso de envenenamiento. Esto es muy importante a la hora de prevenir males mayores y evitar que el simple disfrute del placer de consumirlas pueda acabar en una desgracia.

En el caso de que cualquier familiar, amigo o nosotros mismos suframos algún tipo de trastorno o malestar que sospechemos haya sido provocado por el consumo de setas, deberemos acudir inmediatamente al centro de salud u hospital más próximo siguiendo las indicaciones dadas en el capítulo anterior.

4.1. INTOXICACIONES DE TIEMPO DE APARICIÓN CORTA

Suelen presentarse entre media hora y cinco horas después de haber consumido las setas y por lo general no tienen consecuencias graves, aunque sí pueden causar cuadros muy aparatosos. Los síntomas más frecuentes son los trastornos gastrointestinales. A continuación describimos los diferentes síndromes provocados, así como sus síntomas y las especies causantes:

- **Síndrome gastroenterítico:** Sus efectos surgen entre 30 minutos y 5 horas. Suele causar dolor abdominal, diarreas, náuseas, vómitos y deshidratación. Lo provocan, entre otras especies, el champiñón amarilleante (*Agaricus xanthoderma*), la pérfida (*Entoloma sinuatum*), el hifoloma de láminas verdes (*Hypholoma fasciculare*), la seta de olivo (*Omphalotus olearius*), la ramaria elegante (*Ramaria formosa*) y la seta azufrada (*Tricholoma sulphureum*).

- **Síndrome neurológico:** Los primeros síntomas suelen aparecer entre 30 minutos y 2 horas. Trae consigo incoordinación motriz, euforia o depresión, agresividad y somnolencia, acompañadas de trastornos digestivos, midriasis, taquicardia o rubefacción. Lo causan algunas especies del género *Amanita* como la matamoscas (*A. muscaria*) y la oronja pantera (*A. pantherina*).

- **Síndrome muscarínico:** El tiempo de aparición de los síntomas es el mismo que en el caso anterior. Ocasiona hipersalivación, bradicardia, miosis, sudoración y broncorrea. Son setas causantes de él algunos taxones del género *Inocybe*.

- **Síndrome cardiovascular o coprínico:** Es el que en menor tiempo se presenta, en torno a los 5-30 minutos, siempre y cuando se haya consumido alcohol con anterioridad. También puede aparecer en los 4 días siguientes a la ingesta de las setas si se consume alguna bebida alcohólica. Acarrea náuseas, vómitos, oleadas de calor, hipotensión, arritmias y enrojecimiento del rostro, pecho y miembros. Podríamos decir que es una de las intoxicaciones más comunes, hasta tal punto que la principal seta que la origina, *Coprinus atramentarius*, recibe el nombre de antialcohólica. El hongo de vaca (*Boletus luridus*) es otra especie con igual sintomatología. ▶

Clitocybe cerussata

Pardilla *(Clitocybe nebularis)*

• **Síndrome de hemólisis leve:** Provocado por consumir setas poco hechas o en crudo, suele aparecer a las 3 o 4 horas. Produce una orina oscura que se puede prolongar durante dos días, y en casos graves llega a generar insuficiencia renal. Lo causan las conocidas colmenillas (*Morchella esculenta*) o la amanita vinosa (*Amanita rubescens*).

• **Síndrome de hemólisis inmunitaria:** Surge entre 2 y 4 horas, y se caracteriza por un intenso color en la orina, así como hipotensión y dolor lumbar, y más tarde oligoanuria e incluso insuficiencia renal. Lo provoca *Paxillus involutus*. En algunas guías antiguas este hongo aparece como comestible si se le retiran el pie, las láminas y la cutícula, y si se fríe durante mucho tiempo. Sin embargo, tras acarrear algunas muertes en Japón y Europa, hoy se considera como tóxica.

• **Síndrome cerebeloso:** Se caracteriza por mareos, temblores y falta de estabilidad al ponerse en pie o al caminar (Piqueras, 2003). La responsable es una colmenilla, *Morchella esculenta* var. *rigida*, taxón propio de bosques de ribera. Las personas intoxicadas suelen coincidir que recolectaron los ejemplares bajo fresno. Por ello desaconsejamos su consumo o en su defecto que las setas sean desecadas antes de comerlas en vez de ser cocidas.

• **Síndrome psicotrópico:** Los primeros síntomas pueden aparecer a los 15 minutos desde el consumo de las setas y consisten en alucinaciones visuales, agresividad, sofocos y a veces ataques de pánico; suelen acompañarse en contadas ocasiones de convulsiones, alteraciones del ritmo cardíaco, midríasis, nauseas, diarreas y vómitos. La sustancia responsable es la psilocibina. Lo provocan, entre otras setas pertenecientes a los géneros *Panaeolus* y *Pluteus*, los conocidos monguis (*Psilocybe* spp.).

Dentro de este tipo de intoxicaciones también podríamos incluir las alergias e intolerancias, cuyo tiempo de aparición y síntomas son variables en función de la persona. Una de las setas que las ocasiona es la pardilla (*Clitocybe nebularis*).

4.2. INTOXICACIONES DE TIEMPO DE APARICIÓN LARGA

Los primeros síntomas suelen manifestarse a partir de las 4-6 horas o incluso hasta 17 días después de haber consumido las setas. Son las de consecuencias más graves, pues por norma general, cuando los efectos del envenenamiento son apreciables, ya es demasiado tarde porque los daños ocasionados en los órganos son irreversibles, provocando incluso la muerte.

Tres son las toxinas responsables de este tipo de intoxicaciones: la orellanina presente en varias especies del género *Cortinarius* como el cortinario de montaña (*Cortinarius orellanus*); la giromitrina, que se encuentra en el bonete (*Gyromitra esculenta*); y la amatotoxina, que es producida por la oronja verde (*Amanita phalloides*), la oronja blanca (*Amanita verna*), la galerina rebordeada (*Galerina marginata*) y ciertas especies del género *Lepiota* (*Lepiota brunneoincarnata*, *L. josserandii*, *L. helveola* y *L. castanea*).

Los envenenamientos con un periodo de latencia prolongado se encuadran detro de los siguientes síndromes:

- **Síndrome giromítrico:** El tiempo de aparición varía entre 6 y 9 horas. Su sintomatología consiste en náuseas, vértigo, vómitos, dolor de cabeza, diarreas, hipotensión, arritmia, convulsiones, hemólisis y trastornos de conciencia. Lo ocasiona el bonete.
- **Síndrome hepatóxico o falodiano:** Los primeros efectos se notan entre las 6 y 15 horas. En una primera fase los síntomas consisten en náuseas, diarrea, vómitos y deshidratación, para, a continuación, producirse una afección hepática con ictericia, dolor de hígado, insuficiencia renal, trastornos de conciencia e incluso coma. Está provocado por la oronja verde, la oronja blanca, la galerina rebordeada y la lepiota pardorrojiza (*Lepiota brunneoincarnata*). ▶

Galerina marginata

• **Síndrome nefrotóxico:** Tiene un periodo de latencia bastante prolongado, pues los primeros síntomas suelen surgir entre 3 y 17 días después de la ingestión de las setas. Los trastornos que originan son mínimas molestias digestivas, debilidad y síntomas generales vagos. Le sigue una fase inicial poliúrica y sed intensa, seguida de insuficiencia renal. Lo causa el cortinario de montaña.

• La **rabdomiólisis** es una enfermedad que consiste en una lesión de la musculatura estriada, provocada por el consumo frecuente o en abundancia de la seta de los caballeros (*Tricholoma equestre*). Los primeros síntomas suelen aparecer en torno a los 1-3 días y consisten en dolores musculares en las extremidades inferiores que van acompañados de sudoración, debilidad, fatiga y fiebre. En casos graves, la fiebre es alta, presentándose dificultad respiratoria y graves trastornos del ritmo cardíaco que pueden provocar la muerte. La seta de los caballeros era considerada hasta hace poco como excelente comestible (no olvidemos que su nombre se debe a que, por lo apreciada que era en la Edad Media, estaba reservada a los nobles y caballeros), pero una serie de intoxicaciones registradas en Francia, algunas de ellas con resultado de muerte, han provocado que se tenga como especie tóxica si se consume en abundancia. En 2006 se prohibió su comercialización dentro del Estado español. ■

Tricholoma equestre

5. SETAS COMESTIBLES

Yema de huevo

Nombre científico: ***Amanita caesarea*** **(Scop.) Pers.**

Sombrero: Al principio hemisférico, luego convexo y por fin extendido, de hasta 20 cm de diámetro. Margen regular, radialmente estriado e incurvado. Cutícula lisa, untuosa y separable, de color anaranjado vivo, más apagado cuando envejece. En ocasiones presenta restos del velo general de color blanco.

Himenio: Formado por láminas libres, apretadas, anchas; presenta lamélulas. De color amarillo dorado vivo. Arista flocosa.

Pie: Robusto, cilíndrico, algo ensanchado en la base, hueco. De color amarillo dorado, al igual que las láminas. Mide de 7 a 15 cm de longitud y de 2 a 4 cm de grosor. Tiene un anillo amplio, en faldita, frágil, membranoso, estriado; de color amarillo.

Volva: Grande, persistente, membranosa, en forma de saco. De color blanco.

Carne: Consistente aunque blanda. De color amarillo bajo la cutícula y blanquecina en el resto. De olor y sabor agradable.

Hábitat y época de aparición: Crece en alcornocales a principios de otoño; ocasionalmente puede recolectarse en primaveras lluviosas.

Modo de vida: Micorrizógeno.

Abundancia: Frecuente.

Comestibilidad: Es un excelente comestible; para algunos la más deliciosa de las setas.

A tener en cuenta: Puede confundirse con la matamoscas (*A. muscaria*), especie muy tóxica, de la que se diferencia porque ésta presenta la volva escamosa, el sombrero de color rojo vivo con numerosas escamas blancas y, sobre todo, por la presencia de láminas y pie de color blanco.

Observaciones: Existe una forma que presenta el pie, la cutícula y las láminas de un color uniforme blanco o con leves tonos amarillentos, que se denomina forma *alba*. En años de abundantes precipitaciones puede ser parasitada por el hongo *Mycogone rosea*, que cubre el carpóforo con su micelio de color rosado y produce deformaciones consistentes en la soldadura de las láminas.

Hongo negro • Boleto negro

Nombre científico: ***Boletus aereus Bull***

Sombrero: Hemisférico a plano-convexo, de hasta 30 cm de diámetro. Margen liso, incurvado y excedente. Cutícula de color pardo oscuro, casi negra, frecuentemente con reflejos bronceados y más pálida en la madurez; mate, seca o glutinosa, al principio tomentosa, luego glabra y cuarteada en tiempo seco.

Himenio: Formado por tubos libres; de color blanco a amarillo-verdoso. Poros pequeños y redondeados; del mismo color que los tubos, inalterables a la presión.

Pie: Grueso y ensanchado en la base. De color pardusco, decorado por un fino retículo de color marrón salvo en el ápice, donde es blanco. De 5 a 12 cm de largo y 3 a 8 de grosor.

Carne: Dura, compacta. De color blanco, inmutable. Olor agradable y sabor que recuerda al de las avellanas.

Hábitat y época de aparición: Crece en alcornocales y bosques mixtos de esta especie con quejigo, en otoño; ocasionalmente puede recolectarse en primaveras lluviosas.

Modo de vida: Micorrizógeno.

Abundancia: Muy frecuente.

Comestibilidad: Excelente comestible.

A tener en cuenta: No existe ninguna especie similar tóxica en Los Alcornocales. Podría confundirse con otros boletos de carne blanca, también excelentes comestibles.

Hongo, calabaza

Nombre científico: ***Boletus edulis*** **Bull**

Sombrero: Hemisférico a plano-convexo, de hasta 20 cm de diámetro. Margen excedente, ondulado e incurvado, de color blanquecino en ejemplares jóvenes. Cutícula de color crema-ocráceo u ocre-parduzco, pruinosa, rugosa y viscosa en tiempo húmedo.

Himenio: Formado por tubos libres; de color blanco a amarillo-verdoso. Poros de pequeño tamaño y redondeados, concoloros e inmutables.

Pie: Ventrudo a subcilíndrico. De color pardo-ocráceo, decorado con un retículo de mallas alargadas del mismo color que el pie en toda su extensión, salvo en la parte superior donde son blancas. De 5 a 20 cm de largo y 3 a 10 cm de grosor.

Carne: Compacta. De color blanco que no varía al corte; de rosado a vinoso bajo la cutícula y algo verdoso junto a los tubos en la vejez. Olor y sabor agradables.

Hábitat y época de aparición: Crece en alcornocales y quejigales, en otoño.

Modo de vida: Micorrizógeno.

Abundancia: Raro.

Comestibilidad: Excelente comestible.

A tener en cuenta: No existe ninguna especie similar tóxica en Los Alcornocales. Podría confundirse con otros boletos de carne blanca, también excelentes comestibles, como el hongo negro o el boleto reticulado, los cuales fructifican a principios de otoño, cuando las temperaturas son aún cálidas.

Observaciones: Es el más raro y tardío de todos los boletos de carne blanca presentes en Los Alcornocales.

Boleto amarillento

Nombre científico: ***Boletus impolitus*** **Fr.**

Sombrero: Hemisférico a plano-convexo, de hasta 20 cm de diámetro. Margen excedente, incurvado y lobulado. Cutícula de color ocre-amarillento a pardo-oliváceo claro; finamente aterciopelada cuando joven, después lisa, mate, fibrilosa y algo viscosa en tiempo húmedo.

Himenio: Constituido por tubos adherentes, de color amarillo-dorado a amarillo-verdoso; no azulean al roce. Poros pequeños, algo angulosos; concoloros a los tubos e inmutables.

Pie: Ventrudo a cilíndrico, con la base estrecha o algo radicante; presenta en su superficie granulaciones. De color amarillento, con tonos pardos hacia la base y matices rojizos en ésta. De 5 a 15 cm de largo y 2 a 6 cm de grosor.

Carne: Compacta en ejemplares jóvenes, luego esponjosa. De color blanquecino-amarillento que no varía al corte. Olor afrutado, a yodo cuando damos un corte en la base del pie; sabor agradable, con matices ácidos.

Hábitat y época de aparición: Crece en alcornocales y quejigales, en otoño.

Modo de vida: Micorrizógeno.

Abundancia: Frecuente.

Comestibilidad: Buen comestible.

A tener en cuenta: Puede confundirse con el faisán *(Leccinum lepidum)*, también buen comestible, cuya carne al corte adquiere al principio tonalidades rojizas que más tarde viran al gris-rosáceo.

Boleto reticulado, hongo

Nombre científico: ***Boletus reticulatus*** **(Schaeff.) Boud**

Sombrero: Hemisférico a plano-convexo, de hasta 20 cm de diámetro. Margen excedente e incurvado. Cutícula de color ocre a parda; lisa, mate, seca, tomentosa, separable y cuarteada en tiempo seco.

Himenio: Formado por tubos libres; de color blanco cuando joven, a la madurez amarillo-verdosos. Poros de pequeño tamaño y redondeados; del mismo tono que los tubos, inmutables con la manipulación.

Pie: Robusto, ventrudo. De color pardo claro o pardo-grisáceo, decorado por una retícula bien definida de color blanco en los ejemplares jóvenes y parda posteriormente. De 5 a 20 cm de largo y 2 a 6 de grosor.

Carne: Compacta al principio, luego esponjosa a la vejez. De color blanco, inmutable. Olor y sabor agradables.

Hábitat y época de aparición: Crece en alcornocales, a principios de otoño.

Modo de vida: Micorrizógeno.

Abundancia: Frecuente.

Comestibilidad: Excelente comestible.

A tener en cuenta: Puede confundirse con otros boletos de poros blancos como el hongo negro o el calabaza, pero ambos taxones también son excelentes comestibles.

Chantarela

Nombre científico: ***Cantharellus pallens*** **Pilát**

Sombrero: Convexo a plano-convexo, algo deprimido al centro en la madurez, de 2 a 10 cm de diámetro. Margen ondulado y lobulado. Cutícula al principio de color blanquecino, luego anaranjada pálida o amarillo-anaranjada pálida y con áreas blanquecinas, en especial en zonas próximas al margen; aterciopelada y pruinosa. Todo el carpóforo al roce adquiere matices pardo-rojizos.

Himenio: Está constituido por unos pliegues muy decurrentes e intervenados, del mismo color que la cutícula del sombrero.

Pie: Cilíndrico, recto o curvado, ensanchado en su extremo superior y con la base atenuada. De color anaranjado o amarillo-anaranjado. De 2 a 7 cm de largo y 1 a 3 cm de grosor.

Carne: Firme. De color anaranjado en el sombrero y blanquecino en el pie. Olor a frutas, que recuerda al albaricoque, y sabor agradable.

Hábitat y época de aparición: Crece en alcornocales y quejigales, en otoño y primavera. En primaveras especialmente lluviosas pueden aparecer hasta el mes de junio. En años de inviernos cálidos crecen en esa época.

Modo de vida: Micorrizógeno.

Abundancia: Muy frecuente.

Comestibilidad: Excelente comestible.

Especies con las que se puede confundir: Con la seta de olivo *(Omphalotus olearius)*, especie muy tóxica, pero ésta posee láminas en vez de pliegues, es de color rojizo, crece sobre madera y no desprende olor afrutado.

Observaciones: Tanto el sombrero como el pie se vuelven pardo-rojizos cuando se presionan. Es la seta más cotizada y buscada de todas cuantas crecen en el Parque Natural Los Alcornocales. No suele ser atacada por los parásitos.

Molinera

Nombre científico: ***Clitopilus cystidiatus.*** **Hauskn. & Noordel.**

Sombrero: Al principio convexo, pasando luego a ser aplanado y embudado, de hasta 12 cm de diámetro. Margen convoluto a incurvado y ondulado. Cutícula blanco sucio o blanquecino-grisácea, con matices rosáceos; pruinosa y mate; se separa de la carne.

Himenio: Compuesto por láminas apretadas y decurrentes; presenta lamélulas. De color blanco primero, luego se vuelven rosadas a causa de las esporas.

Pie: Cilíndrico, con la base atenuada y ligeramente curvada, lleno, pruinoso, fibroso y corto. De color blanco. De 3 a 5 cm de largo y de 0,5 a 2 cm de grosor.

Carne: Compacta, frágil y blanda. Blanquecina. Olor que recuerda a la harina mojada y sabor dulce.

Hábitat: Crece en alcornocales y quejigales, en otoño.

Abundancia: Frecuente.

Comestibilidad: Es un buen comestible, aunque no existe costumbre en Los Alcornocales de recolectarla.

A tener en cuenta: Hay que prestar atención para no confundirla con algunos clitocibes blancos, que pueden llegar a ser muy tóxicos, como es el caso de *Clitocybe dealbata*. Éstos se caracterizan por su menor tamaño, sus láminas y esporada blanca y su carne que no se rompe con tanta facilidad como en la molinera.

Observaciones: Frecuentemente se ha confundido con otra especie de molinera *(Clitopilus prunulus)*, la cual carece de cistidios. Posiblemente buena parte, si no todas, de las citas anteriores de *Clitopilus prunulus* pertenecientes a Los Alcornocales deben corresponder a este taxón.

En Euskadi y Navarra recibe el nombre de chivata porque suele indicar la presencia de boletos del grupo *edulis*.

Trompeta negra

Nombre científico: ***Craterellus cinereus*** **(Pers.) Donk**

Sombrero: Con forma de trompeta, umbilicado, de hasta 6 cm de diámetro. Margen ondulado. Cutícula de color gris ceniza, con tonos más oscuros en tiempo húmedo; fibrosa.

Himenio: Está constituido por pliegues de color grisáceo, gruesos, espaciados, muy decurrentes y ramificados.

Pie: Cilíndrico, hueco, en ocasiones atenuado hacia la base, curvado. Superficie fibrosa. Del mismo color que la cutícula o algo más pálido. De 3 a 6 cm de largo y hasta 0,5 cm de grosor.

Carne: Flexible, de color grisáceo. Olor afrutado y sabor dulce.

Hábitat y época de aparición: Crece en alcornocales y quejigales, especialmente en zonas umbrías y húmedas, a finales de otoño y principios de invierno.

Modo de vida: Micorrizógeno.

Abundancia: Rara.

Comestibilidad: Es un buen comestible.

A tener en cuenta: Puede confundirse con la trompeta de los muertos *(Craterellus cornucopioides)*, pero ésta carece de pliegues en el himenóforo.

Trompeta de los muertos

Nombre científico: ***Craterellus cornucopioides*** **(L.) Pers.**

Sombrero: En forma de trompeta, de hasta 7 cm de diámetro. Margen desigualmente flexuoso, irregular y de convoluto a incurvado. Cutícula de color pardo-negruzco; fibroso-escamosa.

Himenio: Liso o en ocasiones arrugado longitudinalmente. De color gris ceniza, a veces con matices de un tono azulado pálido.

Pie: Apenas distinguible del sombrero, hueco. De color negruzco. Mide de 2 a 7 cm de largo y tiene un grosor aproximado de entre 1 y 3 cm.

Carne: Escasa, algo coriácea. De color gris-negruzco. Olor tenue y afrutado; sabor agradable.

Hábitat y época de aparición: Crece en alcornocales y quejigales, preferentemente en zonas umbrosas y húmedas, desde finales de otoño a mediados de invierno.

Modo de vida: Micorrizógeno.

Abundancia: Poco frecuente.

Comestibilidad: Es un excelente comestible, aunque se suele utilizar como condimento, una vez seco y molido.

A tener en cuenta: Puede confundirse con la trompeta negra (*Craterellus cinereus*), también excelente comestible, pero ésta presenta el himenio constituido por pliegues.

Angula de monte, trompeta amarilla

Nombre científico: ***Craterellus lutescens*** **(Fr.) Fr.**

Sombrero: Aplanado a embudado y umbilicado, de 3 a 6 cm de diámetro. Margen ondulado, lobulado e incurvado a decurvado. Cutícula de color pardo-amarillento, rugosa y fibrilosa radialmente.

Himenio: Está constituido por unos pliegues escasamente sobresalientes, decurrentes y ramificados. Son de color amarillo o anaranjado.

Pie: Cilíndrico a comprimido, hueco, con la base bastante atenuada, sinuoso y liso. De color amarillo-anaranjado. De 4 a 8 cm de largo y 0,5 a 1,5 cm de grosor.

Carne: Delgada, flexible. De color amarillento. Olor intenso a frutas –para algunos autores, a ciruela–, y sabor dulce.

Hábitat y época de aparición: Crece en pinares, en otoño tardío y principios de invierno.

Modo de vida: Micorrizógeno.

Abundancia: Localmente frecuente.

Comestibilidad: Excelente comestible.

A tener en cuenta: Puede confundirse con la angula gris (*Craterellus tubaeformis*), también excelente comestible, que tiene los pliegues más marcados y fructifica bajo alcornoques y brezos.

Angula gris, trompeta amarilla de monte

Nombre científico: ***Craterellus tubaeformis*** **(Schaeff.) Quél**

Sombrero: En forma de trompeta, marcadamente deprimido al centro y de hasta 6 cm de diámetro. Margen ondulado y enrollado. Cutícula de color pardo-amarillento o pardo-oliváceo oscuro; algo estriada, seca y fibrillosa.

Himenio: Compuesto por pliegues pronunciados, decurrentes y divididos junto al margen; de color amarillo-grisáceo.

Pie: Cilíndrico, hueco, frecuentemente comprimido y atenuado hacia la base. De color amarillo o gris-parduzco. De 4 a 8 cm de largo y de menos de 1 cm de grosor.

Carne: Escasa, flexible. De color blanquecino-amarillento. Olor agradable y sabor dulce.

Hábitat y época de aparición: Crece en alcornocales y zonas de monte bajo con predominio de brezos y aulagas, desde finales de otoño a mediados de invierno.

Modo de vida: Micorrizógeno.

Abundancia: Frecuente.

Comestibilidad: Es un buen comestible.

A tener en cuenta: Puede confundirse con la angula de monte *(Craterellus lutescens)*, también comestible, que presenta los pliegues poco marcados o ausentes y es propia de pinares.

Gamuza, lengua de vaca

Nombre científico: ***Hydnum repandum*** **L.**

Sombrero: De convexo a extendido, ligeramente deprimido al centro y de hasta 15 cm de diámetro. Margen lobulado y de convoluto a incurvado. Cutícula de color blanquecino-ocráceo, pardo-anaranjado o crema; finamente aterciopelada en los ejemplares jóvenes, glabra a la madurez.

Himenio: Está constituido por una serie de aguijones de adherentes a subdecurrentes, de hasta 6 mm de longitud, que se desprenden fácilmente al roce. Son de color crema-ocráceo.

Pie: Cilíndrico, central o excéntrico, frágil; de color blanquecino. De 3 a 7 cm de largo y 1 a 4 cm de grosor.

Carne: Gruesa, frágil; blanca, al corte vira lentamente a pardo-anaranjada. Olor suave y sabor agradable, en ocasiones levemente amargo y a la vejez picante.

Hábitat y época de aparición: Crece en alcornocales y quejigales, a finales de otoño e invierno.

Modo de vida: Micorrizógeno.

Abundancia: Frecuente.

Comestibilidad: Es un buen comestible, siempre que se recolecten los ejemplares jóvenes. Es recomendable eliminar los aguijones.

A tener en cuenta: Puede confundirse con la lengua de gato *(Hydnum rufescens)*, también comestible, que presenta el pie más delgado y en una posición más céntrica; los aguijones no alcanzan el estípite, dando lugar a una especie de escote alrededor de éste; y la cutícula con tonos anaranjados.

Lengua de gato

Nombre científico: ***Hydnum rufescens*** **Pers.**

Sombrero: Convexo a plano-convexo, deprimido al centro y de hasta 7 cm de diámetro. Margen ondulado e incurvado. Cutícula de color naranja a rojo-anaranjado; mate, finamente aterciopelada en los ejemplares jóvenes, glabra a la madurez.

Himenio: Está formado por aguijones de hasta 5 mm de longitud, que se desprenden fácilmente al roce. Son de color crema-ocráceo, blanquecinos o amarillo-anaranjado.

Pie: Cilíndrico, esbelto, en ocasiones curvado, frágil. De color blanquecino a amarillo-anaranjado. De 2 a 7 cm de largo y de 0,2 a 2 cm de grosor.

Carne: Escasa y frágil. De color blanquecino o blanco-crema. Olor afrutado y sabor dulce o ligeramente amargo.

Hábitat y época de aparición: Crece en alcornocales y quejigales, a finales de otoño e invierno.

Modo de vida: Micorrizógeno.

Abundancia: Poco frecuente.

Comestibilidad: Es un buen comestible, de mejor calidad que la gamuza *(Hydnum repandum)*. Se recomienda quitarle los aguijones.

A tener en cuenta: Puede confundirse con la gamuza, especie mucho más carnosa, que presenta tonalidades más pálidas y aguijones que llegan hasta el pie e incluso pueden bajar por éste.

Níscalo

Nombre científico: ***Lactarius deliciosus*** **(L.) Gray**

Sombrero: Convexo a aplanado, deprimido, de hasta 15 cm de diámetro. Margen ondulado e incurvado. Cutícula de color rojo-anaranjado, con tonalidades verdosas en las zonas rozadas, con círculos concéntricos; pruinosa en tiempo seco y ligeramente pegajosa en tiempo húmedo.

Himenio: Constituido por láminas adherentes a decurrentes, apretadas. De color anaranjado y con manchas verdosas en ejemplares viejos o en zonas que han sido sometidas a roces.

Pie: Cilíndrico o cónico, recto, en ocasiones curvado y atenuado hacia la base. De color anaranjado. Escrobiculado. De 3 a 7 cm de largo y 1 a 3 cm de grosor.

Carne: Gruesa y consistente. De color anaranjado en el sombrero y la zona externa del pie, cuyo interior es blanquecino. Olor a zanahoria, fruta o resina, y sabor suave, algo oleoso. Látex escaso y anaranjado.

Hábitat y época de aparición: Crece en pinares, desde mediados de otoño a invierno.

Modo de vida: Micorrizógeno.

Abundancia: Poco frecuente.

Comestibilidad: Excelente comestible.

A tener en cuenta: Puede confundirse con *Lactarius chrysorrheus*, que tiene las láminas blancas, el látex de color blanco que se torna amarillento y sabor muy picante; es un taxón tóxico. Menor riesgo entraña la confusión con el níscalo vinoso *(Lactarius vinosus)* cuyo látex presenta tonalidades rojo vino.

Observaciones: Es parasitado por el hongo *Peckiella laterita*, que provoca deformación y endurecimiento del sombrero, así como un atrofiamiento de las láminas que se ven cubiertas por el micelio blanco del hongo invasor, ganando los ejemplares parasitados en calidad gastronómica al adquirir su carne una consistencia más dura y compacta. Es una de las especies más apreciadas.

Níscalo arrugado

Nombre científico: ***Lactarius rugatus.*** **Kühner & Romagn**

Sombrero: Convexo a aplanado, deprimido, de hasta 10 cm de diámetro. Margen ondulado e incurvado. Cutícula de color rojo-anaranjado; rugosa, sobre todo en el margen, mate, pruinosa y agrietada de modo concéntrico en los ejemplares viejos o en tiempo seco.

Himenio: Constituido por láminas de adherentes a subdecurrentes, espaciadas. De color crema y con manchas parduzcas en zonas sometidas a roces.

Pie: Cilíndrico, a veces curvado y con la base atenuada; superficie rugosa y pruinosa. De color rojo-anaranjado. De 3 a 5 cm de largo y 1 a 2,5 cm de grosor.

Carne: Gruesa y frágil. De color blanco a parduzco. Olor débil a alcachofa y sabor dulce. Látex abundante, de color blanco inmutable y dulce.

Hábitat y época de aparición: Crece en alcornocales y quejigales, en otoño.

Modo de vida: Micorrizógeno.

Abundancia: Frecuente.

Comestibilidad: Es un excelente comestible.

A tener en cuenta: Fácil de identificar por el color del sombrero, su látex dulce y el borde de la cutícula arrugado.

Observaciones: Es una especie poco conocida que apenas es recolectada por los aficionados.

Níscalo vinoso

Nombre científico: ***Lactarius vinosus*** **Quél**

Sombrero: Plano-convexo, deprimido al centro, de hasta 10 cm de diámetro. Margen enrrollado cuando joven, más tarde incurvado, por lo general ondulado. Cutícula de color naranja, naranja-vinoso, naranja-violáceo o naranja-rosado, zonada radialmente, verdosa en las zonas manipuladas; brillante, pruinosa, viscosa con tiempo lluvioso y separable.

Himenio: Constituido por láminas de adherentes a subdecurrentes, apretadas, arqueadas; presenta lamélulas. De color rosado-vinoso, rojo-vinoso oscuro o pardo-vinoso, con matices verdosos en las zonas sometidas a roces.

Pie: Corto, cilíndrico, atenuado hacia la base, hueco; superficie pruinosa. De color blanquecino con matices violáceos. De 2 a 4,5 cm de largo y 0,9 a 2 cm de grosor.

Carne: Gruesa y compacta. De color blanquecino salvo en la zona próxima a la superficie, donde es rojo-vinoso. Olor débil, afrutado, y sabor ligeramente amargo. Látex escaso, de color rojo-vinoso.

Hábitat y época de aparición: Crece en pinares, en otoño.

Modo de vida: Micorrizógeno.

Abundancia: Poco frecuente.

Comestibilidad: Es un excelente comestible.

A tener en cuenta: Fácil de identificar por el color del sombrero y su látex y carne de tonos rojo-vinosos.

Observaciones: Las citas anteriores de *Lactarius sanguifluus* (Paulet) Fr. pertenecientes al Parque Natural Los Alcornocales deben corresponder a este taxón.

Faisán

Nombre científico: ***Leccinum lepidum*** **(H. Bouchet ex Essette) Bon & Cont**

Sombrero: Hemisférico a convexo, de hasta 15 cm de diámetro. Margen incurvado y algo excedente. Cutícula de color ocre-parduzco a ocre-amarillenta, en mayor o menor medida oscura; mate, rugosa, abollada y viscosa en tiempo húmedo.

Himenio: Formado por tubos libres, largos; de color amarillo, al corte pardo-grisáceos. Poros pequeños, esféricos; de color amarillo, viran al gris-ocráceo al roce.

Pie: Ventrudo a cilíndrico, en ocasiones sinuoso y con la base frecuentemente algo radicante. De color amarillento o amarillo-ocráceo, con matices parduzcos a la vejez. Superficie decorada por granulaciones concoloras al pie o pardo-rojizas. De 5 a 15 cm de largo y 2 a 6 de grosor.

Carne: Compacta. De color amarillento; al corte se torna, en su porción media superior, lentamente rosa pálida y finalmente, al cabo de unos minutos, gris-violácea. Olor y sabor agradables.

Hábitat y época de aparición: Crece en alcornocales y quejigales, en otoño y principios de invierno; fructifica en primaveras lluviosas.

Modo de vida: Micorrizógeno.

Abundancia: Frecuente.

Comestibilidad: Es un buen comestible.

A tener en cuenta: Puede confundirse con el faisán de la jara *(Leccinum corsicum)*, también comestible, pero que se diferencia por su menor tamaño, cutícula pardo oscura y crecer como micorrizógeno asociado a diversas especies de jaras *(Cistus ladanifer, C. monspeliensis, C. albidus)*.

Parasol

Nombre científico: ***Macrolepiota procera*** **(Scop.) Singer**

Sombrero: Globoso a extendido, algo umbonado, de hasta 30 cm de diámetro. Margen apendiculado e incurvado. Cutícula de color crema más claro en los bordes y en el centro más oscuro, con escamas irregulares, pardas, grandes y gruesas; se desprenden con la lluvia y en la madurez.

Himenio: Formado por láminas libres, apretadas, desiguales y con lamélulas numerosas. De color blanco-crema.

Pie: Delgado, cilíndrico, hueco, fibroso, con múltiples escamas que le dan un aspecto atigrado y engrosado en la base. De color ocre-parduzco. De 10 a 30 cm de largo y de 1 a 3 cm de grosor. Presenta un anillo súpero, doble, móvil, membranoso; blanco en su cara superior y pardo en la inferior.

Carne: Tierna en el sombrero, delgada y fibrosa en el pie. De color blanco. Olor y sabor agradables.

Hábitat y época de aparición: Crece en alcornocales, quejigales y pinares, en otoño.

Modo de vida: Saprófito.

Abundancia: Muy frecuente.

Comestibilidad: Es un excelente comestible.

A tener en cuenta: Se recomienda no consumir ejemplares con diámetro inferior a 10 cm por el riesgo de una posible confusión con alguna especie mortal del género *Lepiota*. Menor riesgo conlleva su confusión con otras especies de macrolepiotas, la mayoría de ellas comestibles, de las que se diferencia por su mayor tamaño y el aspecto atigrado de su pie.

Seta de ostra

Nombre científico: ***Pleurotus ostreatus*** **(Jacq.) P. Kumm**

Sombrero: Convexo a plano-convexo, en forma de concha, de 5 a 20 cm de diámetro. Margen lobulado y enrollado. Cutícula de color gris oscuro, pardo-grisáceo o pardo oscuro.

Himenio: Constituido por láminas muy decurrentes, en forma de abanico y apretadas. De color blanco a crema.

Pie: Excéntrico o lateral, macizo, tomentoso y muy corto. De color blanco.

Carne: Compacta. De color blanco. Olor y sabor agradables.

Hábitat y época de aparición: Crece tanto sobre árboles vivos o muertos como en ramas de alcornoque, en otoño.

Modo de vida: Parásito facultativo.

Abundancia: Muy frecuente.

Comestibilidad: Es un buen comestible.

A tener en cuenta: Es una especie inconfundible.

Observaciones: Es la típica seta que se vende en bandeja en los supermercados. Se cultiva en alpacas de compost a base de paja.

Crespilla rosa

Nombre científico: ***Ramaria botrytis*** **(Pers.) Ricken**

Carpóforo: Tiene aspecto de coral o coliflor, de hasta 20 cm de alto y 18 cm de ancho. Presenta un tronco grueso con la base redondeada, de color blanco, a veces con tonos rosados, que se ramifica sucesivamente; angulaciones de las ramificaciones tanto en U como en V. Sus extremos se dividen en dos o cuatro puntas, en mayor o menor medida agudas, de color rosa-púrpura a violeta.

Carne: Tierna y compacta. De color blanquecino, no cambia al corte. Olor agradable, para algunos autores afrutado, y sabor dulzón.

Hábitat y época de aparición: Crece en alcornocales, en otoño.

Modo de vida: Micorrizógeno.

Abundancia: Poco frecuente.

Comestibilidad: Buen comestible, considerada por algún autor la más deliciosa de todas las ramarias comestibles.

A tener en cuenta: Puede confundirse con la ramaria elegante *(Ramaria formosa)*, especie tóxica, pero ésta es menos ramificada, es de color rosa-salmón y presenta los extremos de las ramificaciones amarillentos.

Rúsula dorada

Nombre científico: ***Russula aurea*** **Pers.**

Sombrero: Convexo a plano-convexo, algo deprimido al centro, de hasta 12 cm de diámetro. Margen obtuso, incurvado a recurvado, liso a levemente estriado en la madurez. Cutícula de color naranja-amarillento a rojo-anaranjado con máculas amarillas; rugosa, viscosa y brillante tras las lluvias; separable hasta aproximadamente la mitad del radio del píleo.

Himenio: Compuesto por láminas escotado-adherentes, densas, bifurcadas en su incersión con el pie; de color amarillo intenso a amarillo dorado.

Pie: Cilíndrico, más estrecho hacia el ápice, frágil y rugoso; en la madurez es cavernoso. De color blanquecino a amarillento. De 3 a 8 cm de largo y 1 a 2 cm de grosor.

Carne: Granulosa, frágil y tierna. De color blanco, amarillenta bajo la piel. Olor imperceptible y sabor dulce.

Hábitat y época de aparición: Crece en alcornocales, a principios de otoño.

Modo de vida: Micorrizógeno.

Abundancia: Poco frecuente.

Comestibilidad: Es un buen comestible.

A tener en cuenta: Es prácticamente inconfundible por sus bellas láminas de color dorado.

Carbonera

Nombre científico: ***Russula cyanoxantha*** **(Schaeff.) Fr.**

Sombrero: Hemisférico a plano-convexo, algo hundido en el centro, de hasta 15 cm de diámetro. Margen sinuoso e incurvado. Cutícula de coloración muy variable que oscila entre violáceo, púrpura y lila, presentando matices pardos, verdes, grises y ocres; viscosa tras las lluvias y con estrías radiales; puede separarse parcialmente.

Himenio: Formado por láminas adherentes, apretadas, bifurcadas y lardáceas. De color blanquecino.

Pie: Cilíndrico, carnoso, sinuoso, estrechado en la base y rugoso. De color blanco, en ocasiones con reflejos violáceos y manchas ocráceas de pequeño tamaño en la madurez. De unos 4 a 10 cm de largo y 1 a 4 cm de grosor.

Carne: Gruesa, firme. De color blanco a crema. Olor inapreciable y sabor dulce que recuerda a la avellana.

Hábitat y época de aparición: Crece en alcornocales y quejigales, en otoño.

Abundancia: Frecuente.

Comestibilidad: Excelente comestible.

A tener en cuenta: Puede confundirse con el gorro verde *(Russula virescens)*, que tiene la cutícula blanca con manchas verde-azuladas y fragmentada en placas pequeñas poligonales que le dan un aspecto muy característico.

Observaciones: Existe una forma llamada *peltereaui*, caracterizada por su cutícula verdosa. Otra forma, en este caso denominada *cutrefacta*, se caracteriza por presentar la cutícula cuarteada en su porción próxima al margen.

Rúsula comestible

Nombre científico: ***Russula vesca*** **Fr.**

Sombrero: Hemisférico a convexo-aplanado, algo deprimido, de hasta 10 cm de diámetro. Margen obtuso e incurvado, en los ejemplares maduros sutilmente estriado-acanalado; es característico que, en ocasiones, a causa de la ausencia de cutícula, se aprecie el extremo de las láminas. Cutícula de color rosa carne, rosa-vinoso o pardo-rosado, salvo en su zona central, donde suele presentar tonalidades más pálidas con matices amarillentos; levemente viscosa en tiempo húmedo, mate y rugosa; puede separarse aproximadamente hasta la mitad del radio del píleo.

Himenio: Constituido por láminas adherentes o algo decurrentes, apretadas y un poco lardáceas. De color blanco o crema, con tonalidades parduzcas a la madurez.

Pie: Cilíndrico, recto o algo curvado, atenuado en la base y rugoso en toda su longitud. De color blanco con matices grisáceos y manchas ocráceas en su porción inferior. De 3 a 7 cm de largo y 1 a 2 cm de grosor.

Carne: Gruesa, firme. De color blanco. Olor inapreciable y sabor dulce que recuerda a la avellana.

Hábitat y época de aparición: Crece en alcornocales, en otoño.

Modo de vida: Micorrizógeno.

Abundancia: Poco frecuente.

Comestibilidad: Excelente comestible, para algunos autores junto al gorro verde *(Rusula virescens)*, la mejor de todas las rúsulas.

A tener en cuenta: Es un taxón fácil de identificar por sus características macroscópicas.

Observaciones: Existe una forma con la cutícula verdosa denominada *viridata*.

Gorro verde

Nombre científico: ***Russula virescens*** **(Schaeff.) Fr.**

Sombrero: Hemisférico a convexo-aplanado o extendido, algo deprimido al centro, de hasta 13 cm de diámetro. Margen levemente ondulado, incurvado, acanalado y a la madurez suele presentar fisuras. Cutícula de color verde-oliva o verde-azulado; escamosa, cuarteada en placas en toda su superficie; puede separarse aproximadamente hasta un tercio del diámetro del sombrero.

Himenio: Constituido por láminas adherentes, densas, anastomosadas y lardáceas. De color blanco o blanco-crema.

Pie: Cilíndrico, robusto, recto o algo curvado, atenuado en la base, pruinoso en su porción superior y rugoso en toda su longitud. De color blanco. De 4 a 10 cm de largo y 2 a 4 cm de grosor.

Carne: Quebradiza. De color blanco. Olor a frutas y sabor dulce que recuerda a la avellana.

Hábitat y época de aparición: Crece en alcornocales, a principios de otoño.

Modo de vida: Micorrizógeno.

Abundancia: Poco frecuente.

Comestibilidad: Excelente comestible, para algunos autores la mejor de todas las rúsulas.

A tener en cuenta: Puede confundirse con otras especies de rúsulas comestibles como *Russula heterophylla*, cuya superficie del sombrero no se encuentra fragmentada en placas; o *Russula cutrefacta*, que sólo tiene la cutícula cuarteada en la zona próxima al margen del sombrero. Mayor peligrosidad conlleva su posible confusión con la oronja verde *(Amanita phalloides)*, que tiene anillo y volva, por lo que recomendamos que las setas se arranquen y no se corten.

6. SETAS TÓXICAS EN CRUDO

Amanita vinosa

Nombre científico: ***Amanita rubescens*** **(Pers.) F.S. Gray**

Sombrero: Hemisférico a plano-convexo, de hasta 15 cm de diámetro. Margen no estriado e incurvado. Cutícula lisa, levemente viscosa con alta humedad ambiental y de color pardo-rojizo a pardo-rosado o rojizo-rosado; verrugas blancuzcas, crema-ocráceas o blanco-grisáceas.

Himenio: Formado por láminas libres y apretadas, de color blanco.

Pie: Robusto, cilíndrico, carnoso, atenuado en el ápice y con la base bulbosa. De color blanco con matices rosados que se acrecientan a la madurez, momento en que pasan a ser rojo vino, sobre todo en la base. Mide de 7 a 15 cm de longitud y de 1 a 3 cm de grosor. Presenta un anillo en faldita, membranoso y estriado; al igual que el pie, es de color blanco o blanco-rosado.

Volva: Prácticamente inexistente, se reduce a escamas.

Carne: Blanda. De color blanco, salvo en la base del pie, bajo la cutícula y en zonas rozadas donde presenta tonalidades rosadas. De olor inapreciable y sabor dulce.

Hábitat y época de aparición: Crece en alcornocales y quejigales, en otoño y principios de invierno.

Modo de vida: Micorrizógeno.

Abundancia: Frecuente.

Comestibilidad: Es un excelente comestible, siempre y cuando se consuma bien cocinada, ya que resulta tóxica en crudo.

A tener en cuenta: Puede confundirse con la oronja pantera *(Amanita pantherina)*, especie muy tóxica, que presenta el margen del sombrero estriado, el carpóforo sin tonalidades rojizas o rosáceas y cuya carne no enrojece.

Pie azul

Nombre científico: ***Lepista nuda*** **(Bull.) Cooke**

Sombrero: Convexo a aplanado, ligeramente umbonado, de hasta 15 cm de diámetro. Margen convoluto a incurvado y ondulado. Cutícula de coloración variable, que oscila entre violeta y pardo-violáceo pasando por gris-violáceo; higrófona y brillante.

Himenio: Constituido por láminas de adherentes a subdecurrentes, densas y con lamélulas; de color violáceo o amatista.

Pie: Cilíndrico, fibroso, con la base engrosada, pruinoso, flocoso en la zona superior del pie. De color violáceo. De 5 a 10 cm de largo y de 1 a 2 cm de grosor.

Carne: Gruesa, compacta. De color blanquecino-violáceo. Olor afrutado y sabor dulzón.

Hábitat y época de aparición: Crece en alcornocales, quejigales y pinares, a finales de otoño e invierno.

Modo de vida: Saprófito.

Abundancia: Frecuente.

Comestibilidad: Es un buen comestible, pero si se consume en crudo es tóxica.

A tener en cuenta: Puede confundirse con *Lepista sordida*, especie más pequeña y menos higrófona y carnosa; es comestible de escasa calidad. También podemos confundirlo con cortinarios de color violáceo, alguno de ellos tóxicos, pero éstos presentan cortina o restos de ella en el pie y esporada parda.

7. SETAS TÓXICAS

Champiñón amarilleante

Nombre científico: ***Agaricus xanthodermus*** **Genev.**

Sombrero: Globoso-truncado a plano-convexo, de hasta 12 cm de diámetro. Margen lobulado y excedente. Cutícula sedosa, lisa, de color blanco a pardo-grisácea; amarillea con la edad o el roce.

Himenio: Formado por láminas libres y apretadas. De color blanco, luego rosa pálido a pardo-grisáceo y marrón-púrpura oscuro a la vejez, a causa de las esporas.

Pie: Cilíndrico, esbelto, con la base bulbosa, hueco y recto o curvado. De color blanco, amarillea al tacto. Mide de 6 a 12 cm de largo y de 1 a 1,5 cm de grosor. Presenta un anillo doble, súpero, persistente y membranoso; de color blanco, aunque amarillea al roce.

Carne: Densa. De color blanco, se torna amarillo dorado al corte en la base del pie. Olor desagradable que recuerda a fenol, yodo o tinta y sabor también desagradable.

Hábitat y época de aparición: Crece en bosques y pastizales, en otoño y primaveras lluviosas.

Abundancia: Poco frecuente.

Comestibilidad: Es tóxico.

A tener en cuenta: Puede confundirse con la bola de nieve *(Agaricus arvensis)* y el champiñón anisado *(A. silvicola)*, especies comestibles, pero la carne de éstos no amarillea al corte y huelen a anís.

Matamoscas

Nombre científico: ***Amanita muscaria*** **(L.) Lam**

Sombrero: De globoso a extendido, de hasta 20 cm de diámetro. Margen incurvado, en la madurez estriado e irregular. Cutícula algo viscosa en tiempo húmedo y que se separa fácilmente de la carne. De color rojo escarlata a anaranjado, con numerosas escamas algodonosas; restos de la volva blancas o amarillentas que desaparecen con la lluvia.

Himenio: Constituido por láminas apretadas, anchas, numerosas y libres; presenta lamélulas. Arista flocosa. De color blanco puro.

Pie: Cilíndrico, con la base bulbosa y tomentoso. Se separa fácilmente del sombrero. De color blanco a amarillento claro. De 6 a 15 cm de longitud y de 1 a 3 cm de grosor. Presenta un anillo persistente, amplio y péndulo. De color blanco con el borde amarillento.

Volva: Formada por una especie de jirones de escamas de color blanco a amarillento.

Carne: Compacta, tierna. De color blanco al corte, salvo bajo la cutícula, donde presenta tonalidades amarillo-anaranjadas. Olor casi inapreciable y sabor desagradable; según algunos autores, muestra un olor que recuerda al de los rábanos.

Hábitat y época de aparición: Crece en alcornocales, quejigales, jarales y pinares, en otoño.

Modo de vida: Micorrizógeno.

Abundancia: Poco frecuente.

Comestibilidad: Muy tóxica.

Especies con las que se puede confundir: Con la yema de huevo *(Amanita caesarea)*, cuyas diferencias ya han sido tratadas.

Observaciones: Los ejemplares del norte de Europa causan trastornos psíquicos, visiones y alucinaciones. Por tal motivo, ha sido utilizada en ritos mágicos por culturas ancestrales hasta hoy.

Oronja pantera

Nombre científico: ***Amanita pantherina*** **(DC.) Krombh**

Sombrero: De hemisférico a extendido, de hasta 12 cm de diámetro. Margen estriado. Cutícula gris-plomo a gris-terroso, con tonos más oscuros hacia el centro; brillante y viscosa en tiempo húmedo. Aparece cubierta de múltiples escamas o verrugas de color blanco puro, harinosas, procedentes del velo universal; éstas se disponen a modo de círculos concéntricos y se desprenden con facilidad.

Himenio: Compuesto por láminas libres, apretadas y desiguales; presenta lamélulas. De color blanco.

Pie: Cilíndrico, delgado, liso, aunque algo estriado, lleno de joven y hueco en la madurez, con aspecto harinoso y bulboso. De color blanco sucio a pardo-grisáceo. De 6 a 12 cm de longitud y de 0,5 a 2 cm de grosor. Presenta un anillo persistente y membranoso, de color blanco.

Volva: Redonda, con aspecto de bulbo. Persistente, circuncisa y adherida. Presenta anillos concéntricos en la base del pie.

Carne: Tierna, poco consistente. De color blanco. Olor suave parecido al de los rábanos y sabor dulzón, según los distintos autores, que con la edad se vuelve desagradable.

Hábitat y época de aparición: Fructifica en alcornocales, quejigales y pinares, en otoño.

Modo de vida: Micorrizógeno.

Abundancia: Frecuente.

Comestibilidad: Muy tóxica.

A tener en cuenta: Puede confundirse con la amanita vinosa (*Amanita rubescens*), especie tóxica en crudo, que se caracteriza por presentar el sombrero de color rosa a pardo-rosado con verrugas rosadas, nunca blancas; margen no acanalado; carne blanca con coloraciones rojizas en las heridas; y la volva con finas escamas rosadas.

Oronja verde

Nombre científico: *Amanita phalloides* (Vaill. ex Fr.) Link

Sombrero: Subgloboso a convexo, finalmente plano-convexo, de hasta 12 cm de diámetro. Margen liso, no estriado, algo incurvado. Cutícula cuyo color varía de verde-amarillento a verde-oliváceo; cubierta por fibrillas oscuras, sedosa y brillante en tiempo seco y algo viscosa en tiempo húmedo; no suele conservar restos de velo universal y se separa fácilmente de la carne.

Himenio: Formado por láminas muy densas, libres, anchas y ventrudas; de color blanco, con leves tonos verdoso-amarillentos.

Pie: Cilíndrico y con la base ensanchada. La superficie aparece adornada con fibrillas oliváceas dispuestas en zigzag. Es de color blanco o verdoso. De 7 a 15 cm de longitud y de 1 a 2 cm de grosor. Presenta un anillo súpero, persistente, a modo de faldilla, amplio y estriado en su parte superior; blanquecino a amarillo-verdoso pálido.

Volva: Amplia, membranosa, libre, lobulada en su zona superior y sacciforme. De color blanco.

Carne: Blanca, compacta y esponjosa en el bulbo; bajo la cutícula, verdoso-amarillenta. Olor perfumado cuando la seta es joven y muy fuerte en la madurez; según algunos autores, es inapreciable. Su sabor es dulzón, pero cuando va envejeciendo se torna desagradable y acre.

Hábitat y época de aparición: Crece en alcornocales y quejigales, en otoño.

Modo de vida: Micorrizógeno.

Abundancia: Frecuente.

Comestibilidad: Mortal.

A tener en cuenta: Puede confundirse con la oronja limón *(Amanita citrina)*, especie sin interés gastronómico, que se caracteriza por su volva circuncisa y su olor a patata. También sus formas más claras con champiñones muy jóvenes. Causa el 90% de los fallecimientos por consumo de setas.

Hongo de vaca

Nombre científico: ***Boletus luteocupreus.*** **Berteá & Estadés**

Sombrero: Hemisférico a convexo, de hasta 15 cm de diámetro. Margen excedente, ondulado e involuto en los ejemplares jóvenes. Cutícula de color amarillo intenso a rojo-anaranjado, con tonos cobrizos; con la manipulación se mancha de azul oscuro; abollada, brillante, seca.

Himenio: Formado por tubos adherentes; de color amarillo cuando joven, a la madurez con tonos oliváceos; azulean al corte. Poros de pequeño tamaño y redondeados; rojizo-anaranjados, azulean al roce.

Pie: Robusto, ventrudo. De color amarillo más o menos anaranjado, decorado por una retícula bien definida de color rojizo; azulea al roce. De 6 a 10 cm de largo y 3 a 6 de grosor

Carne: Compacta. De color amarillo, salvo en la base donde presenta tonalidades rojizas; azulea intensamente al corte. Olor inapreciable y sabor ácido.

Hábitat y época de aparición: Crece en alcornocales, a principios de otoño.

Modo de vida: Micorrizógeno.

Comestibilidad: Tóxico.

A tener en cuenta: Puede confundirse con otras especies similares como *Boletus rhodopurpureus*, pero éste presenta la cutícula rojiza o rojizo-rosácea en sus estadíos jóvenes.

Hongo de vaca

Nombre científico: ***Boletus rhodoxanthus*** **(Kronmb.) Kallenbach**

Sombrero: Hemisférico a convexo, de hasta 20 cm de diámetro. Margen excedente e incurvado. Cutícula de color blanco sucio a rosado; finamente tomentosa en los ejemplares jóvenes, lisa, separable.

Himenio: Constituido por tubos de adherentes a libres, separables; de color amarillo, azulean al corte. Poros pequeños y redondeados; al principio amarillo-anaranjados, luego rojo sangre; azulean al roce.

Pie: Robusto, de ventrudo a claviforme o algo cilíndrico, en ocasiones radicante. De color rojo carmín, salvo en su porción superior donde es amarillo-anaranjado; decorado por una retícula bien definida de color rojo sangre; azulea al roce. De 5 a 12 cm de largo y 3 a 8 de grosor.

Carne: Gruesa, compacta. De color amarillo, azulea débilmente en el sombrero y parte superior del estípite. Olor débil, afrutado o fúngico según algunos autores, y sabor suave, algo dulzón.

Hábitat y época de aparición: Crece en alcornocales y quejigales, en otoño.

Modo de vida: Micorrizógeno.

Abundancia: Poco frecuente.

Comestibilidad: Es tóxico.

A tener en cuenta: Puede confundirse con otros boletos tóxicos como el boleto de Satanás *(Boletus satanas)*, el cual carece de tonalidades rosáceas en el sombrero y su carne azulea uniformemente.

Cortinario de montaña

Nombre científico: ***Cortinarius orellanus*** **(Fr.) Fr.**

Sombrero: Convexo a plano-convexo, en ocasiones mamelonado, de hasta 10 cm de diámetro. Margen enrollado. Cutícula de pardo-anaranjada a rojizo-anaranjada; mate y sedosa.

Himenio: Constituido por láminas espaciadas, escotado-adherentes, desiguales; presenta lamélulas. Del mismo color que la cutícula.

Pie: Cilíndrico, lleno, con la base algo atenuada y fibriloso. De color amarillo-anaranjado. De 5 a 10 cm de largo y de 1 a 2 cm de grosor. Cortina fugaz, amarillenta.

Carne: Escasa, amarillenta. Olor que recuerda al de los rábanos y sabor dulce.

Hábitat y época de aparición: Crece en alcornocales y quejigales, en otoño.

Modo de vida: Micorrizógeno.

Abundancia: Muy raro.

Comestibilidad: Tóxico mortal.

A tener en cuenta: Es un taxón fácil de identificar por sus caracteres macroscópicos.

Observaciones: Es una especie muy tóxica a causa del contenido en orellanina que presenta. Los primeros síntomas de intoxicación pueden aparecer de 3 a 15 días desde la ingesta de las setas.

Pérfida

Nombre científico: ***Entoloma lividum*** **(Bull.) Quél**

Sombrero: Hemisférico a plano-convexo, mamelonado, en ocasiones deprimido, de hasta 20 cm de diámetro. Margen ondulado, no estriado. Cutícula de color gris-blanquecino, blanco-crema, gris-parduzco, amarillento o pardo claro; lisa, brillante, sedosa.

Himenio: Constituido por láminas de escotadas a sulibres, desiguales, apretadas, anchas. De color amarillento a rosa-salmón; arista amarillenta.

Pie: Cilíndrico, esbelto y a menudo sinuoso, engrosado hacia la base, fibroso. De color amarillento a blanquecino. De unos 5 a 15 cm de largo y de 1,5 a 4 cm de grosor.

Carne: Gruesa y fibrosa. De color blanquecino a amarillento. Olor y sabor fuerte a harina, desagradables con el tiempo.

Hábitat y época de aparición: Crece en alcornocales, en otoño.

Modo de vida: Micorrizógeno.

Abundancia: Muy frecuente.

Comestibilidad: Es tóxica y produce graves intoxicaciones gastrointestinales.

A tener en cuenta: Puede confundirse con la pardilla (*Clitocybe nebularis*), seta comestible, aunque causante en algunos casos de intolerancias alimentarias, pero ésta tiene las láminas decurrentes y blancas, además de la esporada del mismo color.

Seta rebordeada

Nombre científico: ***Galerina autumnalis*** **(Peck.) Smith & Singer**

Sombrero: Hemisférico a plano-convexo, en ocasiones levemente umbonado y de hasta 7 cm de diámetro. Margen algo estriado e incurvado. Cutícula de color ocre-amarillento, pardo-rojiza tras las lluvias; gelatinosa, higrófana y viscosa.

Himenio: Compuesto por láminas de adherentes a algo decurrentes, apretadas. De color amarillento, a la madurez ocráceas por las esporas.

Pie: Cilíndrico, hueco, con la base más ancha y de fibroso a flocoso. De color pardo-negruzco, salvo en la zona próxima al sombrero, donde es blanquecino. De 3 a 5 cm de longitud y de 0,2 a 0,5 cm de grosor. Presenta un anillo súpero, descendente y fibriloso.

Carne: Escasa. De color marrón claro. Olor y sabor harinoso.

Hábitat y época de aparición: Especie saprófita que crece sobre troncos de quejigos muertos en zonas sombrías y muy húmedas, a finales de otoño e invierno.

Modo de vida: Saprófito.

Abundancia: Rara.

Comestibilidad: Tóxica mortal.

A tener en cuenta: Puede confundirse con *Galerina marginata*, también tóxica mortal, que crece sobre madera muerta de coníferas y que para algunos autores es la misma especie.

Seta de chaparro

Nombre científico: ***Gymnopilus suberis* (Maire) Singer**

Sombrero: De hemisférico a plano-convexo, de hasta 8 cm de diámetro. Margen excedente y de convoluto a incurvado. Cutícula cuyo color varía entre el amarillo-ocre y el pardo-rojizo; lisa, algo viscosa en tiempo húmedo y agrietada en tiempo seco, cubierta cuando joven por finas escamas.

Himenio: Constituido por láminas apretadas y adherentes; presenta lamélulas. De color amarillo-anaranjado a pardo-rojizo.

Pie: Cilíndrico, torcido, radicante y con la base abultada. Su color varía desde el amarillo al rojizo. De 4 a 6 cm de largo y de 0,5 a 1 cm de grosor. Presenta un anillo fugaz a modo de cortina, fibroso y súpero. De color amarillento al principio, luego se torna parduzco a causa de las esporas.

Carne: Escasa, fibrosa; amarillenta. Olor inapreciable y sabor amargo.

Hábitat y época de aparición: Crece sobre ramas muertas de alcornoque, en otoño.

Modo de vida: Saprófito.

Abundancia: Muy frecuente.

Comestibilidad: Es una especie tóxica.

A tener en cuenta: Puede confundirse con la seta de la risa *(Gymnopilus spectabilis)*, también tóxica, que se diferencia por su mayor tamaño y crecer de modo cespitoso sobre otras especies (aliso, pinos o eucaliptos).

Hifoloma de láminas verdes

Nombre científico: ***Hypholoma fasciculare*** **(Fr.) P. Kumm**

Sombrero: Hemisférico a plano-convexo, de hasta 7 cm de diámetro. Margen excedente, incurvado, con restos del velo universal y agrietado con la edad. Cutícula de color amarillo-sulfuroso, con la zona central parduzca.

Himenio: Formado por láminas apretadas y adherentes; presenta lamélulas. De color amarillo-sulfuroso al principio, luego verdosas y por último pardo-oliváceas a violáceas.

Pie: Cilíndrico, hueco, fibriloso y curvado. De color amarillo. De 5 a 12 cm de longitud y de 0,5 a 1 cm de grosor.

Carne: Escasa, amarillenta. Olor a yodo y sabor amargo.

Hábitat y época de aparición: Crece sobre madera muerta de diferentes clases de árboles como pinos, alcornoques y quejigos, en otoño.

Modo de vida: Saprófito.

Abundancia: Frecuente.

Comestibilidad: Es muy tóxica.

A tener en cuenta: Especie fácil de identificar.

Seta de olivo

Nombre científico: ***Omphalotus olearius*** **(DC.) Singer**

Sombrero: Convexo a extendio, deprimido al centro en los ejemplares maduros, de hasta 20 cm de diámetro. Margen enrollado, ondulado y, en ocasiones, lobulado. Cutícula que adquiere distintas tonalidades como rojiza, pardo-anaranjada, rojo-anaranjada o pardo-amarillenta; mate y fibrosa.

Himenio: Constituido por láminas muy decurrentes y apretadas; presenta lamélulas. De color anaranjado, rojizo-anaranjado o amarillo-anaranjado.

Pie: Cilíndrico, por lo general excéntrico y con la base más estrecha. De la misma coloración que la cutícula del sombrero. De 5 a 15 cm de largo y de 0,5 a 2 cm de grosor.

Carne: Dura y densa. De color amarillo-anaranjado en el sombrero y rojizo en el pie. Olor desagradable (muy oleoso) y sabor acre.

Hábitat y época de aparición: Crece principalmente sobre tocones de olivos y acebuches, y más raro sobre otras especies arbóreas como quejigos, alcornoques o eucaliptos, en otoño.

Modo de vida: Parásito facultativo.

Abundancia: Frecuente.

Comestibilidad: Es una especie muy tóxica.

Especies con las que se puede confundir: Especie inconfundible. En la juventud podría confundirse con las chantarelas, de las que se diferencia por su crecimiento sobre madera, su himenio a láminas y la ausencia del característico olor afrutado de la chantarela.

Observaciones: Las aristas de las láminas emiten una luz verdosa en la oscuridad. Aunque por sus características macroscópicas parezca pertenecer al orden *Agaricales*, en la actualidad los taxónomos la incluyen dentro de los *Boletales*.

Ramaria elegante

Nombre científico: ***Ramaria formosa*** **(Pers.) Quél**

Carpóforo: Tiene aspecto de coral o coliflor, de 6 a 30 cm de alto y 5 a 15 cm de ancho. Presenta un tronco grueso, corto y de color blanco que se ramifica sucesivamente hasta dar lugar a derivaciones rosa-salmón, algo anaranjadas. Las ramificaciones son densas, paralelas, generalmente cilíndricas y con angulaciones en U, aunque excepcionalmente puede aparecer alguna en V. Sus extremos se dividen en dos o tres puntas obtusas, cortas y de color amarillo limón.

Carne: Tierna, quebradiza en las puntas. De color blanquecino, cambia a rosa-parduzco al corte. Olor inapreciable y sabor amargo.

Hábitat y época de aparición: Crece en alcornocales, en otoño.

Modo de vida: Micorrizógeno.

Abundancia: Poco frecuente.

Comestibilidad: Es tóxica.

A tener en cuenta: Se puede confundir con las crespillas amarillas (*Ramaria flava* y *R. flavescens*), especies consumidas de modo tradicional en el Parque Natural Los Alcornocales, pero éstas carecen de tonalidades rosado-salmonadas y su carne no vira al corte.

Tricoloma azufrado, seta azufrada

Nombre científico: *Tricholoma sulphureum* (Bull.) P. Kumm

Sombrero: Hemisférico a plano-convexo, mamelonado o algo deprimido, de hasta 8 cm de diámetro. Margen ligeramente excedente, incurvado y entero. Cutícula de color amarillo azufre, frecuentemente con la zona central parduzca; tomentosa, lisa, mate y fibrilosa.

Himenio: Constituido por láminas espaciadas y escotadas; presenta lamélulas. De color amarillo-azufre o amarillo-verdoso.

Pie: Cilíndrico, a veces claviforme, esbelto, estrechado en su base, levemente fribriloso y curvado o algo sinuoso. De color amarillo azufre. De 4 a 10 cm de largo y 1 a 2 cm de grosor.

Carne: Escasa. De color amarillo o amarillo-verdoso. Olor a gas de alumbrado y sabor desagradable.

Hábitat y época de aparición: Crece en alcornocales y quejigales, en otoño.

Modo de vida: Micorrizógeno.

Abundancia: Frecuente.

Comestibilidad: Especie tóxica.

A tener en cuenta: Taxón fácilmente distinguible por su característico olor a gas.

Podoscypha multizonata

8. La Micología
en el Parque Natural Los Alcornocales

8.1. DIVERSIDAD FÚNGICA

Las peculiares condiciones climáticas existentes en el Parque Natural Los Alcornocales, con unas temperaturas suaves y unas elevadas precipitaciones propiciadas por su cercanía al océano Atlántico y al mar Mediterráneo, a las que se suma la presencia de una de las masas forestales más extensas, biodiversas y mejor conservadas de toda la Península Ibérica hacen de este espacio natural protegido uno de los territorios peninsulares de mayor diversidad fúngica. Ello se refleja en el hecho de que hasta la fecha hayan sido catalogados 767 taxones diferentes de hongos superiores, cifra que cada año se ve superada. Este número supera a las especies dadas por el Inventario Micológico Básico de Andalucía (IMBA) para provincias como Almería (369) o Sevilla (485). Además, en un territorio que supone el 1,92% de la Comunidad Autónoma de Andalucía están representados aproximadamente el 30% de los hongos inventariados en el IMBA.

Pero no sólo su riqueza micológica reside en la cantidad de setas que podemos encontrar en este espacio natural protegido, sino también en la presencia de determinados taxones cuyas únicas localidades conocidas o primeras citas para la Península Ibérica, España o Andalucía se sitúan en él. Es el caso de *Tremella caloceraticola* para la Península Ibérica; *Rigidoporus crocatus* y *Steccherinum robustius* para la España peninsular; y *Entoloma rugosum*, *Lepiota carinii*, *Lyophyllum ulmarium*, *Ramaria fennica* var. *olivacea* y *Tricholoma chrysophyllum* para Andalucía.

Este parque natural de igual modo ha dado nuevas especies para la ciencia. Es el ejemplo de dos pequeñas micenas, que crecen sobre hojas muertas de alcornoque, descritas a partir de material recolectado durante la salida de campo de las jornadas micológicas de Jimena de la Frontera del año 2000. Fueron llamadas *Mycena bertaultiana* y *Mycena rubroquercina*.

También Los Alcornocales suponen el refugio para algunos hongos en peligro de extinción. Así, podemos encontrar 15 de las 67 especies recogidas en Lista Roja Hispano-Lusa de especies amenazadas. Es el caso de *Amanita vittadini*, *Boletus regius*, *Cortinarius orellanus*, *Entoloma bloxamii*, *Geoglossum atropurpureum*, *Gomphidius roseus*, *Gyrodon lividus*, *Hericium erinaceus*, *Laurobasidium lauri*, *Myriostoma coliforme*, *Podoscypha multizonata*, *Ramaria botrytis*, *Sarcodon cyrneus*, *Strobilomyces strobiolaceus* y *Tricholoma columbetta*.

Otro aspecto de interés es la presencia en una zona de clima mediterráneo de setas más propias del norte de la Península. Es el caso de la seta de ardilla o de marzo (*Hygrophorus marzuolus*), que fue recolectada por primera vez a nivel mundial en un alcornocal en invierno de 2008.

Amanita vittadini

8.2. MICOTURISMO

El creciente número de personas que cada otoño acuden a los montes del Parque Natural Los Alcornocales para recolectar hongos silvestres comestibles, en su mayoría provenientes de zonas urbanas más o menos cercanas, como pueden ser la Bahía de Cádiz, Sevilla, Jerez de la Frontera o la Costa del Sol, está dando lugar a que surjan nuevas iniciativas en torno al micoturismo.

Podríamos definir a esta nueva forma de hacer turismo como toda actividad de ocio relacionada con alguno de los diferentes aspectos de la micología, distinguiéndose dentro de él cuatro tipos principales: fotográfico, científico, recolector y gastronómico; siendo estos dos últimos los más extendidos en esta comarca.

Así, cada vez son más los restaurantes que van incluyendo platos elaborados con setas en sus cartas, ya no sólo en temporada, sino todo el año, e incluso algunas empresas se están especializando en realizar salidas guiadas para recolectar setas. Además, por parte de la administración autonómica se han abierto al público dos puntos de información micológica situados en las localidades de Jimena de la Frontera y El Colmenar (Cortes de la Frontera).

En el ámbito del plan CUSSTA (Conservación y Usos Sostenibles de las Setas y Trufas de Andalucía) de la Consejería de Medio Ambiente, y más concretamente dentro de la línea de actuación del micoturismo, se sitúan los PIM (Puntos de Información Micológica). Con ellos se pretende crear un referente para un turismo de naturaleza de calidad, constituyéndose como puntos de recepción e información, y educar a la ciudadanía en buenas prácticas de cara a un uso sostenible de las setas. Estas infraestructuras cuentan con una dotación interpretativa común a todas ellas, donde se tratan aspectos como el plan CUSSTA, el interés económico y ambiental de los hongos, el tercer reino o las setas venenosas y sus dobles comestibles en Andalucía; además de unos contenidos específicos de cada uno de ellos en relación con los edificios donde se ubican y el entorno natural de las localidades que los albergan.

El PIM de Jimena de la Frontera se sitúa en pleno casco histórico de esta localidad, dentro del marco incomparable de la antigua iglesia de la Misericordia (siglo XV). Fue inaugurado a finales de 2005 y su tema monográfico es la historia de los hongos. Para visitarlo hay que concertar cita en el Ayuntamiento, llamando al teléfono 956 64 02 54.

PIM de Jimena de la Frontera

PIM de El Colmenar

Grupo de micoturistas en Los Alcornocales

El PIM de El Colmenar se localiza en esta pedanía de Cortes de la Frontera, en la pista forestal asfaltada que une ambas localidades y junto al *Arboreto de Eucalytus* y la antigua casa forestal. Abrió sus puertas a finales de 2010 y los paneles expositivos monográficos giran en torno a los hongos medicinales. Puede visitarse sábados y domingos.

Por su parte, otra forma de introducirse en la riqueza micológica de este espacio natural protegido es a través de algunas de las empresas que realizan actividades relacionadas con el mundo de las setas.

Es el caso de Educamrural (*www.educamrural.es*; tfno. 615 51 50 88) o Genatur (*www.genatur.com*; tfno. 630 91 45 45), que realizan salidas para recolectar setas y cursos de iniciación a la micología; y de Micogest (*www.micogest.com*; tfno. 607 24 30 48), primera empresa andaluza especializada en micoturismo, cuya oferta incluye salidas guiadas, cursos, degustación micogastronómica, visitas a los puntos de información micológica y estancias para asociaciones micológicas y naturalistas. ▶

8.3. MICOGASTRONOMÍA

Cada vez son más los establecimientos hosteleros que ofrecen platos elaborados con setas silvestres recolectadas en el Parque Natural Los Alcornocales, fomentando así el turismo micogastronómico y que numerosas personas acudan a los municipios que integran este espacio natural protegido para degustar setas como la chantarela, los boletos o la yema de huevo.

A continuación reseñamos algunos de los restaurantes que ofertan micogastronomía en el ámbito de esta guía. De cada uno de ellos ofrecemos los datos de contacto y varias de sus especialidades culinarias, muchas de las cuales sólo están disponibles en temporada.

Alcalá de los Gazules

Restaurante Pizarro
Paseo de la Playa, 9.
Tfno. 956 42 01 03.

Especialidades elaboradas con setas: revuelto de níscalos con jamón y gambas, setas al ajillo y solomillo ibérico a la teja (con manzana y setas).

Restaurante Los Corzos
Área de Servicio La Palmosa
(ctra. Jerez-Los Barrios, km 57).
Tfno. 956 41 32 12.

Especialidades elaboradas con setas: lomo de venado con salsa de setas y venado estofado con setas.

Los Barrios

Restaurante Al-Ándalus
Avda. Rosa García, s/n.
Tfno. 956 62 07 33.

Especialidades elaboradas con setas: carpaccio de boletus, ensalada de queso fresco y yema de huevo, milhoja de boletus con manzana y mouse de pato, arroz meloso con setas, carrillada ibérica con setas, jabalí con salsa cazadora y setas, tarta de chantarelas con castañas (postre casero) y flan de chocolate con setas (postre casero).

Venta El Frenazo
Autovía Los Barrios-Jerez, salida 80
Tfno.: 956 62 08 14

Especialidades elaboradas con setas: arroz guisado con chantarelas y costillas, estofado de patatas con boletus, carpaccio de boletus, carrillada ibérica con setas de temporada y ensalada de boletus y brotes tiernos.

Cortes de la Frontera

Mesón Los Alcornocales
Avda. La Libertad, s/n.
Tfno. 952 15 43 99.

Especialidades elaboradas con setas: tosta de lengua de vaca con bacon, boletus al ajillo con jamón ibérico, croquetas de robellón, alcachofitas perlas revueltas con colmenillas, conejo de monte al ajillo con pie azul, carrillada de cerdo ibérico con níscalo, cola de toro estofada con negrillas, solomillo de jabalí con boletus y habitas baby, bacalao al ajoarriero con trompetilla amarilla y dorada en papillote con yema de huevo horneada.

Estación de Jimena

Restaurante Los Arcos
C/ Nuestra Señora de los Ángeles, 8.
Tfno. 956 64 03 28.

Especialidades elaboradas con setas: chuletón con chantarelas, revuelto de setas, tortillitas de crespas, retinto con yema, y arroz caldoso con conejo y setas.

Restaurante Mesilla de los Ángeles
Carretera Algeciras-Ronda, 27.
Tfno. 956 64 02 97.

Especialidades elaboradas con setas: solomillo de cerdo al Pedro Ximénez con boletus, pasas y piñones, venado con castañas y chantarelas, yemas al ajillo, revuelto de chantarelas, garbanzos con níscalos, crema de boletus, delicia de chantarela (postre casero) y caramelo de boletus con helado de vainilla y chocolate (postre casero).

Restaurante La Vía
C/ Juan de Dios, 11.
Tfno. 605 86 18 66.

Especializades elaboradas con setas: revuelto de chantarelas, croquetas de boletus, revuelto de setas, salteado de setas con jamón y arroz con setas.

Jimena de la Frontera

Restaurante El Ventorrillero
Plaza de la Constitución, 2.
Tfno. 956 64 09 97.

Especialidades elaboradas con setas: garbanzos con boletus, carpaccio de boletus, croquetas de setas, venado en salsa de rioja con chantarelas, arroz con níscalos y cerdo ibérico, paté de boletus, tostada de chantarelas con crema, revuelto de setas con jamón, gambas o bacon, berenjenas fritas con mermelada de setas, carrillada de ibérico al oporto con boletus, pollo al ajillo con níscalos, jabalí al tomillo con trompetas negras y pastel de chantarelas.

Restaurante Bar Cuenca
Avda. de los Deportes, 31.
Tfno. 956 64 01 52.

Especialidades elaboradas con setas: revuelto de chantarelas, solomillo con chantarelas, venado con chantarelas, boletus al ajillo, pluma con boletus y pastel ibérico con setas.

Hostal Restaurante El Anón
C/ Consuelo, 30-40.
Tfno. 956 64 11 10.

Especialidades elaboradas con setas: revuelto de setas silvestres con huevo; quiche de chantarelas, bacon y queso; carrillada con chantarelas y trompetas negras; hojaldre de pollo con champiñones y chantarelas; conejo al ajillo con níscalos y jabalí con salsa de moscatel, champiñones y boletus.

Bar Restaurante La Tasca
C/ San Sebastián, 24
Tfno. 956 64 11 23.

Especialidades elaboradas con setas: venado al vino tinto con chantarelas; arroz con lengua de vaca, pie azul y senderuelas; solomillo ibérico con boleus en salsa de castañas; revuelto de chantarelas; chantarelas al ajillo y jabalí con angula de monte.

Restaurante Las Rejas
Carretera A-405, km 20.
Tfno. 956 64 10 87.

Especialidades elaboradas con setas: revuelto de chantarelas con espárragos, conejo con níscalos y chantarelas con perdices.

Bar La Bodeguita
C/ Jincaleta, 1.
Tfno. 956 64 02 70.

Especialidades elaboradas con setas: chantarelas al ajillo, revueltos de setas y gambas, jabalí con setas, setas a la plancha, pollo al ajillo con setas, chantarelas al ajillo y revuelto de setas y jamón.

Bar Pastor 2
Plaza de la Constitución.
Tfno. 956 64 02 70.

Especialidades elaboradas con setas: chantarelas al ajillo, revueltos de setas y gambas, jabalí con setas, setas a la plancha, pollo al ajillo con setas, chantarelas al ajillo y revuelto de setas y jamón.

Medina Sidonia

Hotel-Restaurante El Duque
Avda. del Mar, 10.
Tfno. 956 41 00 40.

Especialidades elaboradas con setas: setas de Los Alcornocales, sartén de morcilla y huevo pasado por agua.

Venta La Duquesa
Carretera de Medina a Vejer, km 3.
Tfno. 956 41 08 36.

Especialidades elaboradas con setas: perdiz con boletus y setas de cardo, albóndigas de retinto con chantarelas y alubias con níscalos.

San Pablo de Buceite

Venta Chinela
Carretera de Ronda, km 11.
Tfno. 956 64 21 58.

Especialidades elaboradas con setas: Boletus a la plancha, yemas a la plancha, secreto ibérico con chantarelas, ensalada mixta con chantarelas al ajillo. ▶

Restaurante Cacholla
Camino de la Cerejana, s/n.
Tfno. 956 64 23 53.

Especialidades elaboradas con setas: Revuelto de chantarelas, carrillada ibérica con chanterelas, venado en salsa con chantarelas, parrillada de verduras y setas del tiempo y perdiz salteada con setas.

Bar Restaurante La Estación
Estación Férrea, s/n.
Tfno. 956 64 22 44.

Especialidades elaboradas con setas: lasaña de verduras con boletus y piñones; crujiente de setas con rúcula, parmesano y cecina; milhoja de manzana con setas de cardo, foie y queso de cabra aderezado con reducción de Pedro Ximénez; lomo de cerdo con boletus; revuelto de setas con gambas y jamón; sopa de calabaza con lengua de vaca; y helado de trompetas de la muerte con naranja confitada y frutos del bosque (postre casero).

Ubrique

Mesón Rural Mojón de la Víbora
Ctra. Ubrique-Cortes, km 40.
Tfno. 956 23 43 07.

Especialidades elaboradas con setas: revuelto de chantarelas y conejo con níscalos.

8.4. COMERCIALIZACIÓN DE SETAS

La excelente calidad de las setas que fructifican en el Parque Natural Los Alcornocales y la creciente demanda de éstas, en especial de la chantarela, tanto en el mercado nacional como en otros países de Europa, ha dado lugar a algunas iniciativas públicas y privadas dedicadas a su comercialización; poniendo en valor un recurso forestal hasta ahora apenas explotado. Nos referimos a la Lonja Micológica de Jimena de la Frontera y a la empresa castellarense Demonte.

Lonja Micológica de Jimena de la Frontera

Fruto del convenio entre el Ayuntamiento de Jimena de la Frontera y la Consejería de Medio Ambiente y dentro del marco de actuaciones del plan para la Conservación y Uso Sostenible de las Setas y Trufas de Andalucía (CUSSTA), abrió sus puertas a finales de 2004. Es la primera instalación de este tipo a nivel nacional.

En ella, los recolectores locales acuden con las setas recogidas durante la jornada, que son compradas por los mayoristas, muchos de ellos provenientes de otras regiones españolas. De este modo se revaloriza un recurso natural hasta ahora no rentabilizado, se asegura un precio mínimo de venta y se garantiza la trazabilidad del producto desde su origen.

Demonte

Esta iniciativa empresarial surgió de la afición de Antonio Ocaña, socio de la Agrupación Micológica Chantarela, al mundo de la micología.

Las principales especies que comercializa al por mayor son la chantarela, la yema de huevo, el hongo negro y la lengua de vaca, aunque distribuye otras setas como los níscalos, el pie azul, la angula de monte, la angula gris y la trompeta de los muertos. Pero sin lugar a dudas, es la chantarela la seta más apreciada, exportándose a países como Alemania o Francia.

Completa su oferta con trufas, setas de otras zonas andaluzas como Aracena o Jaén o ejemplares cultivados. Estas últimas, provenientes del mercado asiático, caso del simegi blanco, el simegi marrón, el enoqui blanco, el shii-take chino o el eringii coreano.

Para más información:

C/ Chapatal, 40
Castellar de la Frontera (Cádiz)
Tfno. 617 26 17 25.
E-mail: *demonte.40@hotmail.com*

8.5. ASOCIACIONES Y JORNADAS MICOLÓGICAS

Recogemos en este apartado las diferentes asociaciones micológicas existentes en los municipios que conforman el Parque Natural Los Alcornocales, así como las principales jornadas micológicas que se celebran en el ámbito de este espacio natural protegido.

Grupo Micológico Chantarela (Jimena de la Frontera)

El 12 de diciembre de 1998 un total de 62 personas se reunieron para formar el Grupo Micológico Chantarela, eligiendo junta directiva y presentando sus estatutos. Entre sus objetivos están el promover el conocimiento y disfrute del medio natural del Parque Natural Los Alcornocales a través de la micología, sensibilizar a la población de la zona de la importancia de la conservación de los ecosistemas forestales, iniciar a sus socios en la identificación y catalogación de las especies comestibles y venenosas o estudiar las técnicas de recolección, conservación y culinarias de los hongos.

Durante estos años la asociación ha participado activamente en las jornadas micológicas celebradas en Jimena de la Frontera y ha colaborado en las de Cortes de la Frontera, Benarrabá y Júzcar. Actualmente cuenta con 170 socios. E-mail: *agrupacionchantarella@gmail.com*.

Asociación Micológica y Botánica Los Alcornocales (Benalup-Casas Viejas)

Se creó en enero de 2011 y en la actualidad tiene más de 50 socios.

Realiza salidas para la recolección y estudio de las setas del Parque Natural Los Alcornocales y organizan exposiciones fotográficas sobre micología y botánica. Tienen previsto llevar a cabo unas jornadas micológicas en Benalup y continuar con la organización de la ruta de la tapa de esta localidad. E-mail: *losalcornocalesmicologica@gmail.com*.

Asociación Micológica y Medioambiental Saepo (Cortes de la Frontera)

La Asociación Micológica y Medioambiental SAEPO, con sede en Cortes de la Frontera, lleva en funcionamiento desde el año 2007, aunque sus asociados ya actuaban antes como Grupo Micológico de Cortes de la Frontera.

Saepo lleva 10 años organizando las Jornadas Micológicas de Cortes de la Frontera junto con el Ayuntamiento de la localidad, conocidas a nivel nacional. Pero no es la única actividad que desarrolla, ya que las funciones de voluntariado, sensibilización, concienciación, formación y estudio tanto en el mundo de la micología como en temas ambientales están muy presentes en su cometido. Tal implicación en dichos temas le llevó a recibir en el año 2009 el Galardón Desarrollo Sostenible del Parque Natural Los Alcornocales.

Actualmente trabajan activamente en el programa de voluntariado Andarríos, campañas de voluntariado en los parques naturales Sierra de Grazalema y Los Alcornocales, así como en proyectos de concienciación y formación. Para más información puede consultarse la web *www.saepo.org*.

Jornadas micológicas

A finales del mes de noviembre, cada año se celebran las jornadas micológicas de Jimena de la Frontera y Cortes de la Frontera, ambas de reconocida fama a nivel regional. En ellas, ponentes de reconocido prestigio nacional imparten ponencias sobre diferentes aspectos relacionados con el mundo de la micología y se realizan salidas al monte para recolectar setas, entre otras actividades. ■

Carpaccio de boletus

9. Cocinar con setas

9.1. CÓMO CONSERVAR LAS SETAS

Las setas son un producto perecedero que suele estropearse pronto, por lo que lo más recomendable es, al llegar a casa, proceder a su limpieza. Ésta dependerá de la especie; en unos casos será suficiente con pasarles un paño húmedo o, ayudándonos de un cuchillo, rasparlas para quitarles los restos de tierra y hojas u otras partes no aprovechables o agusanadas. En otros, les daremos un repaso no muy prolongado bajo el grifo para eliminar la tierra o la arena y siempre evitando ponerlas en remojo, porque ello puede afectar las características culinarias de las setas. No debemos olvidar que al sumergirlas en agua actuarían como esponjas, alterando su textura o su sabor.

Una vez bien limpias, en el mejor de los casos pueden aguantar en buen estado un par de días en el frigorífico, aunque este periodo varía en función de la especie; por ejemplo, la barbuda, si no se consume en el momento de su recolección, se estropea rápidamente al licuarse su sombrero. Por eso, a continuación damos algunos consejos prácticos de cómo conservar las setas y que éstas no pierdan, en la medida de lo posible, sus características organolépticas.

Desecación o deshidratación

Está indicada para la mayor parte de las especies. Consiste en extender las setas pequeñas enteras y las de mayor tamaño cortadas en finas láminas, sobre una rejilla. Ésta debe colocarse a la sombra, en lugar ventilado y cubierta con un tul que evite los ataques de insectos. Es conveniente voltearlas de vez en cuando. En el caso de setas de pequeño tamaño, pueden ensartarse en un hilo y colgarse en un sitio aireado.

Una vez deshidratadas, también pueden molerse y utilizarse para dar sabor a los platos. Es muy recomendable para algunas especies como la trompeta de los muertos, que se suele utilizar molida para condimentar numerosos guisos.

Una vez secas, se guardarán en tarros de cristal que se cerrarán herméticamente.

Cuando queramos consumirlas, simplemente las mantendremos en agua templada o leche durante un par de horas.

Congelación

Es el método más rápido y sencillo de conservar las setas de carne consistente. No es adecuado congelarlas en crudo, ya que algunas especies pueden perder ciertas propiedades e incluso adquirir un sabor amargo.

Es más aconsejable escaldarlas sometiéndolas a un hervor durante cinco minutos. A continuación las sumergiremos en agua fría, las escurriremos y las colocaremos en bolsas herméticas de plástico. De esta forma se pueden conservar hasta doce meses.

Las setas cocinadas o precocinadas se pueden congelar, en cuyo caso debemos consumirlas en un plazo de no más de seis meses.

Boletos salteados con jamón

Ingredientes:

- 500 g de boletos.
- 200 g de jamón serrano.
- Tres dientes de ajo.
- Una hoja de laurel.
- Pimentón dulce.
- Un vaso de vino blanco (jerez seco).
- Perejil.
- Sal y pimienta.

Elaboración:

Doramos los ajos picados y a continuación agregamos los boletos troceados. Los salteamos durante algunos minutos y echamos el jamón cortado en pequeños trozos, una hoja de laurel, pimentón dulce, un vaso de vino blanco, pimienta y una pizca de sal (deberemos tener en cuenta que el jamón ya da un toque de sal). Dejamos cocinar durante 8 minutos. Por último, espolvoreamos con perejil bien picado.

Croquetas de setas variadas

Ingredientes:

- 100 g de chantarelas.
- 100 g de boletos.
- 100 g de trompetas de los muertos.
- Una cebolla grande.
- Dos dientes de ajo.
- Aceite de oliva.
- Perejil fresco.
- Sal y pimienta.
- Para la bechamel: 100 g de mantequilla, 100 g de harina, un litro de leche y nuez moscada.
- Para rebozar: Harina, huevo y pan rallado.

Elaboración:

Para hacer la bechamel fundimos la mantequilla en una cacerola y la dejamos a fuego lento durante unos minutos. A continuación esparcimos la harina sin dejar de mover, tostándola un poco y vertiendo en último lugar la leche, previamente calentada, poco a poco sin dejar de remover y añadiendo una pizca de nuez moscada.

Por otro lado, en una sartén con aceite de oliva doramos los ajos y salteamos la setas; primero deberemos echar las chantarelas, luego a los cuatro minutos los boletos y finalmente, tras unos minutos más, la trompetas. Espolvoreamos con perejil picado y salpimentamos.

Una vez hechas las setas, las mezclamos con la bechamel y dejamos enfriar la masa obtenida.

Terminamos rebozando las croquetas con harina, huevo batido y pan rallado.

Garbanzos con boletos

Ingredientes:

- 1 kg de garbanzos (12 horas antes ponemos en remojo los garbanzos).
- ½ kg de boletos.
- Dos berenjenas medianas.
- Tres dientes de ajo.
- Dos hojas de laurel.
- Dos pimientos verdes.
- Un pimiento rojo.
- Dos tomates grandes maduros.
- Una cebolla grande.
- Pimentón dulce.
- Azafrán.
- Aceite de oliva.
- Sal y pimienta.

Elaboración:

Ponemos a cocer los garbanzos con las hojas de laurel y una pizca de sal durante hora y media.

Por otro lado, en una sartén con aceite de oliva, salteamos las berenjenas cortadas a dados, las cuales, una vez hechas, las agregaremos a los garbanzos.

A su vez preparamos un sofrito con los ajos, cebolla, pimientos y tomates (todo bien picado) y a continuación añadimos los boletos troceados, un poco de pimentón dulce, el azafrán, la pimienta y la sal. Se deja cocinando durante unos 10 minutos.

Por último, se añade el sofrito a los garbanzos y cocemos durante unos 10 minutos más.

Carrillada de cerdo al oporto con trompetas de los muertos

Ingredientes:

- 1 kg de carrillada de cerdo.
- 100 g de trompetas de los muertos.
- Dos cebollas medianas.
- Cuatro dientes de ajo.
- Dos hojas de laurel.
- 250 cl de vino oporto.
- Dos cucharadas de mermelada de frutos del bosque.
- Sal y pimienta.

Elaboración:

En una cacerola con aceite, añadimos las cebollas, los ajos, el laurel y la carrillada, salpimentamos a nuestro gusto. Sofreímos durante 15 minutos, removiendo de vez en cuando.

A continuación añadimos el oporto y las trompetas troceadas, tapamos la cacerola y dejamos hacerse a fuego lento durante una hora.

Por último, echamos las dos cucharadas de mermelada y continuamos cocinando otros 15 minutos.

Lenguado relleno de gambas y yemas

Ingredientes:

- Dos filetes de lenguado (sin espinas).
- Seis langostinos.
- 100 g de yemas (también pueden emplearse chantarelas).
- Tres chalotas.
- Vermú rojo.
- 100 cl de crema fresca.
- Caldo de pescado.
- Mantequilla.
- Aceite de oliva.
- Sal y pimienta.

Elaboración:

Ponemos a calentar una sartén con aceite y echamos las yemas troceadas hasta que se consuma su jugo. Ahora añadimos la chalota picada, salteamos un poco e incorporamos los langostinos pelados y cortados. Salpimentamos y dejamos enfriar.

A continuación sazonamos los filetes de lenguado y por su cara más ancha ponemos las setas, para enrollarlos. Ahora fundimos en una sartén una cucharada grande de mantequilla y cocinamos los lenguados a fuego medio durante dos minutos. Rociamos con un chorro de vermú y tapamos la sartén, dejándolos cinco minutos.

Por último, añadimos un poco de caldo de pescado y la crema fresca y terminamos de hacer a fuengo lento durante algunos minutos más.

Glosario

Adherente: Dícese de aquellas estructuras himeniales, ya sea láminas o tubos, que alcanzan el pie pero no continúan por éste.

Anastomosadas: Dicése de las láminas o pliegues que se encuentran unidas en algún punto.

Anillo: Estructura membranosa adherida al pie de ciertas especies de hongos formada por los restos del velo universal.

Bradicardia: Ritmo más lento de lo normal.

Broncorrea: Secreción abundante y expectoración de mucosidad bronquial, a veces purulenta.

Carpóforo: Cuerpo fructífero del hongo, en el cual se sitúan las estructuras reproductoras de éste.

Cespitoso: Que crece como el césped.

Claviforme: Que tiene forma de maza.

Concoloro: Del mismo color.

Convoluto: Dícese del margen del sombrero que se enrolla formando un tubo. Es sinónimo de arrollado.

Coriáceo: Que presenta la consistencia del cuero.

Decurvado: Dícese del margen del sombrero que se encuentra encorvado hacia abajo.

Decurrente: Dícese de la lámina que alcanza el pie y continúa por éste.

Escotada: Dícese de la lámina que en su inserción con el pie presenta un espacio estrecho.

Escrobiculado: Dícese del pie que presenta pequeños hoyos, frecuentemente redondeados y con tonalidades diferentes, en su superficie.

Espora: Célula reproductora de los hongos.

Excedente: Dícese del margen del sombrero que sobresale del borde de éste.

Fibriloso: Que está constituido por fibrillas.

Flocoso: Que presenta una capa de pelos cortos, suaves y entrelazados, que dan lugar a copos algodonosos.

Glabro: Que carece de pelos.

Incurvado: Dícese del margen del sombrero que se encuentra encorvado hacia el himenóforo.

Infundibuliforme: Dícese del sombrero que tiene forma de embudo.

Intervenado: Dícese de las láminas que se encuentran unidas en su inserción con el pie por pequeños pliegues.

Lamélula: Láminas de menor tamaño que aparecen intercaladas entre las láminas y que no alcanzan al pie.

Lardáceo: Dícese de las láminas de consistencia grasienta y flexibles, que al ser presionadas con el dedo se adhieren unas a otras sin romperse.

Látex: Líquido, más o menos acuoso y de coloración variable que segregan las especies del género *Lactarius* al aplicar un corte en su carne o cuando ésta se rompe.

Libre: Dícese de las láminas que no alcanzan el pie, dando lugar a un hueco situado entre ambas estructuras.

Lobulado: Que presenta ondulaciones en el margen del sombrero.

Mamelón: Protuberancia obtusa semejante a un pezoncillo situada en el centro del sombrero de algunas especies de setas. También recibe el nombre de umbón.

Midriásis: Dilatación anormal de la pulipa que se acompaña de una inmovilidad del iris.

Miosis: Contracción permanente de la pupila del ojo.

Oligoanuria: Insuficiencia urinaria.

Pruinoso: Que aparece cubierto por una especie de polvillo, llamado pruina.

Radicante: Dícese del pie que en su parte inferior termina en un pronunciado adelgazamiento que se hunde en el sustrato.

Radicular: Referente a las raíces.

Retículo: Ornamentación a modo de red o malla que presenta algunas especies del género boleto en el pie.

Subdecurrente: Dícese de la lámina que está casi adherida al pie.

Súpero: Dícese del anillo que queda muy cerca de las láminas.

Tomentoso: Que presenta una capa fina formada por pelos cortos, finos y no rígidos.

Umbilicado: Que tiene forma de ombligo.

Umbonado: Que presenta un umbón o mamelón. Es sinónimo de mamelonado.

Velo universal: Envoltura membranosa que protege al cuerpo fructífero en su totalidad cuando nace. Al crecer desaparece total o parcialmente, dando lulgar a las verrugas o placas del sombrero y a la volva.

Velo parcial: Capa que cubre el himenóforo mientras éste madura y que pude desaparecer o permanecer en forma de anillo o cortina.

Bibliografía

ARRILLAGA ANABITARTE, P. y X. LASKIBAR URKIOLA. "Setas tóxicas e intoxicaciones". *Munibe*, suplemento 22. Aranzadi Zientzi Elkartea. Donostia, 2006.

AYUNTAMIENTO DE JIMENA DE LA FRONTERA. *Setas & fogones. Guía gastronómica de Jimena de la Frontera*. Delegaciones Municipales de Turismo, Fomento y Medio Ambiente del Ayuntamiento de Jimena de la Frontera, 2010.

BASSO, M. T. *Lactarius*. Fungi Europaei 7. Mykoflora. Alassio, 1999.

BECERRA PARRA, M. y E. ROBLES DOMÍNGUEZ. "*Ramaria subbotrytis* (Coker) Corner. Un nuevo taxón del género *Ramaria* (*Gomphales, Ghomphaceae*) para Andalucía". *Revista de la Sociedad Gaditana de Historia Natural*, 6 (en prensa).

BECERRA PARRA, M. y E. ROBLES DOMÍNGUEZ. "*Podoscypha multizonata* (Berk. & Broome) Pat., novedad para la provincia de Málaga". *Lactarius*, 20, pp. 30-32, 2011.

BECERRA PARRA, M. y E. ROBLES DOMÍNGUEZ. "Aportaciones al conocimiento de la micoflora de la Serranía de Ronda (Málaga, España)". *Acta Botanica Malacitana*, 36, pp. 175-179, 2011. ▶

BECERRA PARRA, M. y E. ROBLES DOMÍNGUEZ. *Las setas de la provincia de Cádiz. 100 especies para conocer su riqueza micológica.* Editorial La Serranía. Ronda, 2009.

CALZADA DOMÍNGUEZ, A. *Guía de los boletos de España y Portugal.* Náyade Editorial. Medina del Campo, 2007.

FRUTOS CUADRADO, I., M. ROMERA MUÑOZ y M. BECERRA PARRA. "Primera localización de *Hygrophorus marzuolus* (Fr.) Bres. en Andalucía (Sur de la Península Ibérica) y en nuevo hábitat: *Quercus suber*". *Micobotanica-Jaén*, año IV, nº 1, 2009. Consultado el 24/01/2012 en: http://www.micobotanica-jaen.com/Revista/Articulos/IFrutosC/Marzuolus/Marzuolus.html

GALÁN, R., F. PRIETO-GARCÍA, A. GONZÁLEZ y C. E. HERMOSILLA. "*Thuemenidium atropurpureum* (Batsch:Fr.) Kuntze, una especie digna de conocer y proteger". *Boletín de la Sociedad Micológica de Madrid*, 33, pp. 25-29, 2009.

LEIVA MORALES, J. A. "Introducción al Orden Gasterales en la provincia de Cádiz". *Revista de la Sociedad Gaditana de Historia Natural*, 4, pp. 23-29, 2004.

LEIVA MORALES, J. A. "Introducción al Orden Boletales en la provincia de Cádiz". *Revista de la Sociedad Gaditana de Historia Natural*, 3, pp. 17-21, 2003.

LEIVA MORALES, J. A. "Notas sobre algunas especies interesantes de la micoflora gaditana". *Revista de la Sociedad Gaditana de Historia Natural*, 1, pp. 105-108, 1998.

LLAMAS FRADE, B. y A. TERRÓN ALFONSO. *Guía de campo de los hongos de la Península Ibérica.* Celarayn Editorial. León, 2005.

MARISCAL RIVERA, D. *Setas y cocina para principiantes. Guía para su recolección y degustación.* Editorial La Serranía. Ronda, 2009.

MONEDERO GARCÍA, C. *El género Russula en la Península Ibérica.* Centro de Estudios Micológicos de Euskadi – Euskadiko Mikologia Ikastegia, 2011.

MORENO, G. y M. HEYKOOP. "Due nueove specie di Mycena Della vegetazione mediterranea iberica". *Rivista di Micologia*, 2, pp. 303-313, 2000.

MORENO, G., F. PRIETO-GARCÍA y A. GONZÁLEZ. "Estudio de los hongos del Parque Natural de Los Alcornocales (Cádiz, Málaga)". *Boletín de la Sociedad Micológica de Madrid*, 32, pp. 261-271, 2008.

MORENO-ARROYO, B., J. GÓMEZ FERNÁNDEZ y E. PULIDO CALMAESTRA. *Setas comestibles de Andalucía. Manual de identificación.* Junta de Andalucía, Consejería de Medio Ambiente, 2001.

MORENO-ARROYO, B., P. PÉREZ DANIËLS y J. RUSO. "Inventario Micológico Básico de Andalucía (IMBA)". *Boletín de la Sociedad Micológica de Madrid*, 29, pp. 157-195, 2005.

MORENO-ARROYO, B., E. PULIDO CALMAESTRA, y F. JIMÉNEZ ANTONIO. *Consejos básicos para la recolección y consumo de setas.* Junta de Andalucía, Consejería de Medio Ambiente, 2003.

MORENO-ARROYO, B., F. JIMÉNEZ ANTONIO, J. GÓMEZ FERNÁNDEZ y F. INFANTE GARCÍA-PANTALEÓN. *Setas de*

Andalucía. Centro Andaluz del Libro, 1996.

MUÑOZ, J. A. *Boletus s.l.* Fungi Europaei 2. Edizioni Candusso. Alassio, 2005.

NEVILLE, P. y S. POUMARAT. *Amaniteae. Amanita, Limacella & Torrendia*. Fungi Europaei 9. Edizioni Candusso. Alassio, 2004.

PALAZÓN LOZANO, F. *Setas para todos. Pirineos. Península Ibérica.* Editorial Pirineo. Zaragoza, 2006.

PÉREZ DANIËLS, P. & B. MORENO ARROYO. "Contribución al estudio de la diversidad fúngica andaluza". *Boletín de la Sociedad Micológica de Madrid*, 30, pp. 271-279, 2006.

PÉREZ DANIËLS, P. & B. MORENO ARROYO. "Contribución al estudio de la diversidad fúngica andaluza III". *Boletín de la Sociedad Micológica de Madrid*, 32, pp. 237-248, 2008.

PÉREZ DANIËLS, P. & B. MORENO ARROYO. "Contribución al estudio de la diversidad fúngica andaluza IV. *Ascomycetes*". *Boletín de la Sociedad Micológica de Madrid*, 33, pp. 31-48, 2009.

PÉREZ DANIËLS, P. & B. MORENO ARROYO. "*Tremella caloceraticola*. Primera cita para la Península Ibérica". *Boletín de la Sociedad Micológica de Madrid*, 33, pp. 59-62, 2009.

PÉREZ DANIËLS, P., B. MORENO-ARROYO y J. GÓMEZ FERNÁNDEZ. *Setas comestibles y sus "dobles" venenosas*. Junta de Andalucía, Consejería de Medio Ambiente, 2003.

PÉREZ LATORRE, A. V., A. GALÁN DE MERA, U. DEIL y B. CABEZUDO. "Fitogeografía y vegetación del sector Aljíbico (Cádiz-Málaga, España)". *Acta Botanica Malacitana*, 21, pp. 241-267, 1996.

ROMERO DE LA OSA MATEOS, L. *Las setas del Parque Natural Sierra de Aracena y Picos de Aroche.* Servicio de Publicaciones de la Diputación de Huelva, Caja Rural del Sur y Patronato de Turismo de Huelva, 2003.

RUIZ DE VERGARA GIL, C. *Fungi. El placer de cocinar con setas. 50 recetas sencillas con las setas más conocidas.* EGN comunicación. Pamplona, 2007.

SÁNCHEZ RODRÍGUEZ, J. A., J. FLÓREZ SERRANO, J. L. SIERRA FERNÁNDEZ, B. GUERRA BURTÓN y M. CHAMORRO SUÁREZ. *Los Hongos. Manual y Guía Didáctica de Micología.* IRMA. León, 2004.

SÁNCHEZ RODRÍGUEZ, J. A., E. RUBIO DOMÍNGUEZ y D. ROJO FERNÁNDEZ. *Hábitat de las setas. Protección y conservación.* IRMA. León, 2008.

SÁNCHEZ SÁNCHEZ, A. J. *Parque Natural Los Alcornocales. Guía del excursionista.* Editorial La Serranía. Ronda, 2010.

SOGORB CASTRO, J. R. "Hongos termófilos del Parque Natural Los Alcornocales y comarca del Campo de Gibraltar". *Revista de la Sociedad Gaditana de Historia Natural*, 5, pp. 137-139. 2008.

SOGORB CASTRO, J. R. *Hongos del Parque Natural Los Alcornocales y Campo de Gibraltar.* Algeciras, 2007.

VALLE, F. (ed.). *Mapa de series de vegetación de Andalucía.* Junta de Andalucía, Consejería de Medio Ambiente, 2003. ■

Anexo Aproximación al catálogo micológico del P.N. Los Alcornocales

Este catálogo se basa en los datos aportados por la bibliografía consultada, el Inventario Micológico Básico de Andalucía y nuestro trabajo de campo

ASCOMYCOTINA
HYMENOASCOMYCETES
PEZIZOMYCETIDAE

Hypocreales
Cordyceps militaris (L.) Link
Gibberella cyanogena (Desm.) Sacc.

Sphaeriales
Biscogniauxia mediterranea (De Not.) Kuntze
Daldinia concentrica (Bolton) Ces. & De Not.
Hypoxylon cohaerens var. *microsporum* J.D.Rogers & Cand.
Hypoxylon fuscum (Pers.) Fr.
Hypoxylon rubiginosum (Pers.) Fr.
Poronia punctata (L.) Fr.
Xylaria hypoxylon (L. ex Hooker) Grev.
Xylaria sicula Pass. & Beltr.

Pezizales
Aleuria aurantia (pers.) Fuckel
Cheilymenia stercorea (Pers.) Boud.
Gyromitra esculenta (Pers.) Fr.
Iodophanus verrucosporus (Griffi ths) Kimbr.,Luck-Allen & Cain
Helvella atra J. König
Helvella crispa Scop.
Helvella lacunosa Afz.
Helvella pezizoides Afzel.
Humaria hemisphaerica (F. H. Wigg.) Fuckel
Hydnocystis clausa (Tul. & C.Tul.) Ceruti
Labyrinthomyces donkii Malençon
Otidea alutacea (Pers.) Massee
Otidea concinna (Pers.) Sacc.
Otidea umbrina (Pers.) Bres.
Peziza atrospora Fuckel
Peziza berthetiana Donadini
Peziza phlebospora (Le Gal) Donadini
Peziza phyllogena Cooke
Peziza repanda P. Karst.
Peziza vesiculosa Bull. ex St. Amams
Pithya cupressina (Batsch) Fuckel
Pseudopithyella minuscula (Boud. & Torrend) Seaver
Pustularia patavina (Cooke & Sacc.) Boud.
Pyronema domesticum (Sowerby) Sacc.
Rhizina undulata Fr.
Sarcoscypha coccinea (Jacq.) Sacc.
Scutellinia scutellata (L.) Lambotte
Scutellinia trechispora (Berk. & Broome) Lambotte
Tarzetta catinus (Holmsk.) Korf & J. K. Rogers
Tricharina fibrilosa (Currey) Yang & Karf.
Urnula rythidia (Berk.) Cooke

Helotiales
Arachnopeziza aurelia (Pers.) Fuckel
Botryotinia fuckeliana (De Bary) Whetzel
Bulgaria inquinans (Pers.) Fr.
Ciboria amentacea (Balb.) Fuckel
Geoglossum atropurpureum (Batsch) Pers.
Hymenoscyphus tamaricis R. Galán, Baral & A. Ortega
Leotia lubrica Pers.
Microglossum nudipes Boud.
Mollisia amenticola (Sacc.) Rehm
Rutstroemia firma (Pers.) P.Karst.
Trichoglossum hirsutum (Pers.) Boud.

Tuberales
Delastria rosea Tul. & C. Tul.
Terfezia claveryi Chatin

BASIDIOMYCOTINA
PHRAGMOBASIDIOMYCETES

Exobasidiales
Laurobasidium lauri (Geyler) Jülich

Uredinales
Gymnosporagium clavariaeforme (Pers.) DC.

Dacrymycetales
Calocera cornea (Batsch) Fr.

Auriculariales
Auricularia auricula-judae (Bull.) Wettst.
Auricularia mesenterica (Dicks) Pers.

Tremelales
Exidia glandulosa Bull.
Exidia saccharina Fr.
Exidia thuretiana (Lév.) Fr.
Exidia truncata Fr.
Tremella aurantia Weinm.
Tremella caloceraticola Hauerslev
Tremella foliacea (Pers. ex Gray) Pers.
Tremella messenterica Retz.

HOMOBASIDIOMYCETES
APHYLLOPHOROMYCETIDAE

Cantharellales
Albatrellus subrubescens (Murril) Pouzar
Cantharellus cibarius var. *alborufescens* Malençon
Cantharellus cibarius var. *rufescens* Cetto
Cantharellus cinereus Pers.
Cantharellus pallens Pilát
Clavaria falcata Pers.
Clavaria vermicularis Swartz
Clavariadelphus flavo-inmarutus Petersen
Clavariadelphus pistillaris (L.) Donk
Clavulina cinerea (Bull.) Schröt.
Clavulina cristata (Holmsk.) J. Schröt
Clavulina rugosa (Bull.) J. Schröt.
Clavulinopsis corniculata (L.) Corner
Clavulinopsis helvola (Fr.) Corner
Clavulinopsis laeticolor (Berk. & M. A. Curtis) R. H. Petersen
Clavulinopsis umbrinella (Sacc.) Corner
Craterellus cornucopioides (L.) Pers.
Craterellus lutescens (Fr.) Fr.
Craterellus pusillus (Fr.:Fr.) Pers.
Craterellus tubaeformis (Fr.) Quél.
Hydnum repandum Fr.
Hydnum rufescens Fr.
Ramariopsis subtilis (Pers.:Fr.) R.H. Petersen

Gomphales
Ramaria arcosuensis Schild, Brotzu & A. Gennari
Ramaria aurea (Schaeff.) Quél.
Ramaria botrytis (Pers.) Ricken
Ramaria fennica (Peck) Schild
Ramaria fennica var. *olivacea* Schild
Ramaria flava (Schaeff.) Quél.
Ramaria flavescens (Schaeff.) R. H. Petersen
Ramaria flavigelatinosa Marr. & D. E. Stuntz
Ramaria flavosalmonicolor Schild
Ramaria formosa (Pers.) Quél.
Ramaria lacteo-brunnescens Schild
Ramaria mediterranea Schild & Franchi
Ramaria rubripermanens Marr & D. E. Stuntz
Ramaria stricta (Pers.) Quél.
Ramaria subbotrytis (Coker) Corner
Ramaria subtilis (Coker) Schild

Hericiales
Creolophus cirrhatus (Pers.) P. Karst.
Hericium coralloides (Scop.) S. F. Gray
Hericium erinaceus (Bull.) Pers.

Thelephorales
Boletopsis leucomelaena (Pers.) Fayod
Hydnellum ferrugineum (Fr.) P. Karst
Hydnellum concrescens (Pers.) Banker
Hydnellum scrobiculatum (Fr.) P. Karst
Phellodon niger (Fr.) P. Karst
Sarcodon cyrneus Maas Geest.
Thellephora caryophyllaceae (Schaeff.) Pers.
Tomentella cinerascens (P. Karst) Höhn. & Litsch

Schizophyllales
Schizophyllum commune Fr.

Hymenochaetales
Coltrichia perennis (L.) Murrill
Hymenochaete rubiginosa (Schrad.) Lév.
Inonotus cuticularis (Bull.) P. Karst.
Inonotus dryadeus (Pers.) Murrill

Inonotus hispidus (Bull.) P. Karst.
Inonotus radiatus (Sowerby) P. Karst.
Inonotus tamaricis (Pat.) Maire
Onnia tomentosa (Fr.) P. Karst.
Phellinus erectus A.David, Dequatre & Fiasson
Phellinus igniarius (L.) Quél.
Phellinus punctatus (Fr.) Pilát
Phellinus torulosus (Pers.)Bourdot & Galzin
Phellinus tuberculosus (Baumg.) Niemela
Phylloporia ribis (Schum.) Ryvarden

Ganodermatales
Ganoderma adspersum (Schultz) Donk
Ganoderma lucidum (Curtis) P. Karst.
Ganoderma resinaceum Boud.

Poriales
Abortiporus biennis (Bull.) Singer
Antrodia albidoides A.David & Dequatre
Bjerkandera adusta (Willd.) P. Karst.
Bjerkandera fumosa (Pers.) P. Karst.
Ceriporiopsis consobrina (Bres.) Ryvarden
Coriolopsis gallica (Fr.) Ryvarden
Coriolopsis trogii (Berk.) Bond. & Singer
Daedalea quercina (L.) Pers.
Dichomitus campestris (Quél.) Dom. & Orl.
Dichomitus squalens (P. Karst.) D. A. Reid
Fomes fomentarius (L.) Fr.
Hapalopilus rutilans (Pers.) P. Karst.
Heterobasidium annosum (Fr.) Bref.
Laetisporus sulphureus (Bull.) Murrill
Lenzites betulina (L.) Fr.
Meripilus giganteus (Pers.) P. Karst.
Oxyporus obducens (Pers.) Donk
Oxyporus latemarginatus (Durieu & Mont.) Donk
Oxyporus populinus (Schumach.) Donk
Perenniporia ochroleuca (Berk.) Ryvarden
Phaeolus schweinitzii (Fr.) Pat.
Polyporus arcularius (Batsch) Fr.
Polyporus meridionalis (A. David) Jahn.
Polyborus squamosus (Huds.) Fr.
Polyborus tuberaster (Jacq. ex Pers.) Fr.
Pycnoporus cinnabarinus (Jacq.) P. Karst.
Rigidoporus crocatus (Pat.) Ryvarden
Rigidoporus ulmarius (Sowerby) Imazeki
Sarcodontia spumea (Sowerby) Spirin
Spongipellis pachyodon (Pers.) Kotl. & Pouzar
Spongipellis spumeus (Sowerby:Fr) Pat.
Trametes cervina (Schwein.) Bres.
Trametes hirsuta (Wulfen) Pilát
Trametes pubescens (Schumach.) Pilat
Trametes versicolor (L.) Pillát
Trichaptum biforme (Fr.) Ryvarden
Trichaptum fuscoviolaceum (Ehrenb.) Ryvarden

Lachnocladiales
Coniophora arida (Fr.) P. Karst.
Coniophora puteana (Schumach.) P. Karst.

Sterales
Aleurodiscus dextrinoideocerussatus Manjón, M.N. Blanco & G. Moreno
Amylostereum laevigatum (Fr.) Boidin
Auriculariopsis ampla (Lév.) Maire
Botryobasidium laeve (J. Erikss.) Parmasto
Botryobasidium subcoronatum (Höhn. & Litsch.) Donk
Botryohypochnus isabellinus (Fr.) J. Erikss.
Byssomerulius corium (Pers.:Fr.) Parmasto
Climacodon pulcherrimus (Berk. & M.A. Curtis) M.I. Nikol.
Dendrothele conmixta (Höhn. & Litsch.) J. Erikss. & Ryvarden
Epithele canariensis (Manjón & G.Moreno) Hjortstam
Gloeoporus dichrous (Fr.) Bres.
Hyphoderma praetermissum (P. Karst.) J. Erikss. & A. Strid
Hyphoderma puberum (Fr.) Wallr.
Hypochnicium bombycinum (Sommerf.) J. Erikss.
Laeticorticium jonides (Bres.) Donk
Laeticorticium meridioroseum (Boidin & Lanq.) Dueñas & Tellería
Laeticorticium polygonioides (P. Karst.) Donk
Laeticorticium roseum (Pers.) Donk
Lopharia spadicea (Pers.:Fr.) Boidin
Meruliopsis corium (Pers.) Ginns
Merulius tremellosus Schrad.:Fr.
Odonticium monfraguense M.N.Blanco, G.Moreno & Manjón
Peniophora cinctula (Quél.) Bourdot & Galzin
Peniophora lycii (Pers.) Höhn. & Litsch.
Peniophora meridionalis Boidin
Peniophora quercina (Pers.) Cooke
Peniophora violaceolivida (Sommerf.) Massee
Phanerochaete velutina (DC.) Parmasto
Podoscypha multizonata (Berk. & Broome) Pat.
Pulcherricium caeruleum (Lam.) Parmasto
Radulomyces confluens (FR.) M.P. Christ.
Radulomyces molaris (Chaillet) M. P. Christ.
Radulomyces rickii (Bres.) M. P. Christ.
Schizopora paradoxa (Schrad.) Donk
Sistotrema confluens Pers.
Steccherinum fimbriatum (Pers.) J.Erikss.
Steccherinum ochraceum (Pers.) Gray
Steccherinum rhois (Schwein.) Banker
Steccherinum robustius (J. Erikss. & S. Lundell) J. Erikss.
Stereum gausapatum (Fr.) Fr.
Stereum hirsutum (Willd.) Gray
Stereum ochraceoflavum (Schwein.) Fr.
Stereum rugosum (Pers.) Fr.
Stereum subtomentosum Pouzar
Subulicystidium longisporum (Pat.) Parmasto
Trechispora microspora (P.Karst.) Liberta

AGARICOMYCETIDAE

Tricholomatales

Armillaria lutea Gillet
Armillaria mellea (Vahl.) P. Kumm.
Armillaria ostoyae (Romagn.) Herink
Armillaria tabescens (Scop.) Emeland
Clitocybe alexandri (Guillet) Guillet
Clitocybe angustissima (Lasch) P. Kumm.
Clitocybe augeana (Mont.) Sacc.
Clitocybe cistophila Bon & Contu
Clitocybe costata Kühner & Romagn.
Clitocybe geotropa (Bull.) Quél.
Clitocybe geotropa var. *maxima* (Gaertn. & G. Mey) Konrad & Maubl.
Clitocybe gibba (Pers.) P. Kumm.
Clitocybe metachroa (Fr.) P. Kumm.
Clitocybe mortuosa (Fr.) Gillet
Clitocybe nebularis (Batsch.) P. Kumm.
Clitocybe odora (Bull.) P. Kumm.
Clitocybe phaeophtalma (Pers.) Kuyper
Clitocybe phyllophila (Pers.) P. Kumm.
Clitocybe rivulosa (Pers.) P. Kumm
Clitocybe squamulosa (Pers.:Fr.) J.E.Lange
Clitocybe trullaeformis (Fr.:Fr.) Quél.
Clitocybula lenta (Maire) Malençon & Bertault
Crinipellis sardoa Candusso
Crinipellis scabella (Alb. & Schwein.) Murril.
Crinipellis subtomentosa (Peck) Singer
Crinipellis tomentosa (Quél.) Singer
Gymnopus benoistii (Boud) Antonín & Noordel.
Gymnopus brassicolens (Romagn.) Antonín & Noordel.
Gymnopus dryophilus Bull.
Gymnopus eryothropus (Pers.) Antonín, Halling & Noordel.
Gymnopus fusipes (Bull.) Gray
Gymnopus ocior (Pers.) Antonín & Noordel.
Hemimycena cephalotricha (Joss. ex Redhead) Singer
Hemimycena hirsuta (Tode) Singer
Hohenbuehelia petaloides (Bull.) Schulzer
Hohenbuehelia repanda Huijsman
Hydropus floccipes (Fr.) Singer
Hygrocybe acutoconica (Clem.) Singer
Hygrocybe aurantiosplendens R. Haller Aar.
Hygrocybe cantharellus (Schwein.) Murrill
Hygrocybe chlorophana (Fr.) Wünsche
Hygrocybe coccinea (Schaeff.) P. Kumm.
Hygrocybe conica (Scop.) P. Kumm.
Hygrocybe mucronella (Fr.) P. Karst.
Hygrocybe pratensis (Pers.) Murrill
Hygrocybe psittacina (Schaeff.) P. Kumm.

Hygrocybe russocoriacea (Berk. & T.K.Mill.) P.D.Orton & Watling
Hygrocybe virginia (Wulf.) Orton & Watling
Hygrophorus cossus (Sowerby) Fr.
Hygrophorus discoxanthus (Fr.) Rea
Hygrophorus leucophaeoilicis Bon & Chevassut
Hygrophorus nemoreus (Pers.) Fr.
Hygrophorus penarius Fr.
Hygrophorus persoonii Arnold
Laccaria amethystina (Huds.) Murrill
Laccaria bicolor (Maire) P.D.Orton
Laccaria fraterna (Cooke & Massee) Pegler
Laccaria laccata (Scop.) Cooke
Laccaria laccata var. *pallidifolia* (Peck) Peck
Lepista ameliae (Arcang.) Singer & Clemençon
Lepista inversa (Scop.) Pat.
Lepista irina (Fr.) Bigelow
Lepista nuda (Bull.) Cooke
Lepista rickenii Singer
Lepista sordida (Fr.) Singer
Leucopaxillus gentianeus (Quél.) Kotl.
Leucopaxillus paradoxus (Constantin & Dufour) Boursier
Lyophyllum decastes (Fr.) Singer
Lyophyllum immundum (Berk.) Kühner
Lyophyllum transforme (Britzelm.) Singer
Lyophyllum ulmarium (Bull.:Fr.) Singer
Macrocystidia cucumis (Pers.) Joss.
Macrocystidia cucumis f. *minor* Joss.
Marasmius androsaceus (L.) Fr.
Marasmius anomalus Lasch
Marasmius anomalus var. *microsporus* (Maire) Antonín
Marasmius corbariensis (Roum.) Singer
Marasmius oreades (Bolton) Fr.
Marasmius quecophilus Pouzar
Marasmius wynnei Berk. & Broome
Megacollybia platyphila (Pers.) Kotl. & Pouzar
Melanoleuca excissa (Fr.) Singer var. *excissa*
Melanoleuca grammopodia (Bull.) Murrill
Melanoleuca polioleuca (Fr.) G. Moreno
Melanoleuca turrita (Fr.) Singer
Mycena abramsii Murrill
Mycena acicula (Schaeff.) P. Kumm.
Mycena alba (Bres.) Kühner
Mycena algeriensis Maire
Mycena amicta (Fr.) Quél.
Mycena arcangeliana Bres. apud Barsali
Mycena aurantiomarginata (Fr.) Quél.
Mycena citrinomarginata Gillet
Mycena filopes (Bull.) P. Kumm.
Mycena flavoalba (Fr.) Quél.
Mycena galericulata (Scop.) Gray
Mycena galopus (Pers.) P. Kumm.
Mycena gladiocystis Esteve-Rav. & A. Ortega
Mycena haematopus (Pers.) P. Kumm.
Mycena inclinata (Fr.) Quél.
Mycena leptocephala (Pers.) Gillet
Mycena pelianthina (Fr.:Fr.) Quél.
Mycena polygramma (Bull.) Gray
Mycena pura (Pers.) P. Kumm.
Mycena purpureofusca Peck
Mycena rosea (Bull.) Gramberg
Mycena rubroquercina G. Moreno & Heykoop
Mycena rubromarginata (Fr.) P. Kumm.
Mycena sanguinolenta (Alb. & Scwein.) P. Kumm.
Mycena seynesii Quél.
Mycena stylobates (Pers. P. Kumm.
Mycena vitilis (Fr.) Quél.
Ossicaulis lignatilis (Pers.) Redhead & Ginns
Panellus stipticus (Bull.) P. Karst.
Panellus violaceofulvus (Batsch) Singer
Pleurotus dryinus (Pers.) P. Kumm.
Pleurotus ostreatus (Jacq.) P. Kumm.
Pleurotus ostreatus f. *subalutaceus* Malençon & Bertault
Pleurotus suberis Pat.
Pseudoclitocybe cyathiformis (Bull.) Singer
Pseudoclitocybe expallens (Pers.) M. M. Moser
Rickenella fibula (Bull.) Raithelh.
Rhodocollybia butyracea (Bull.) Lennox
Rhodocollybia butyracea f. *asema* (Fr.) Antonín, Halling & Noordel.
Stigmatolemma urceolatum (Wallr.) Donk
Tephrocybe anthracophylla (Lasch) P. D. Orton
Tricholoma acerbum (Bull.) Quél.
Tricholoma albidum Bon
Tricholoma album (Schaeff.) P. Kumm.
Tricholoma atrosquamosum (Chevall.) Sacc.
Tricholoma bresadolanum Clémençon
Tricholoma columbetta (Fr.) P. Kumm.
Tricholoma coryphaeum (Fr.) Gillet
Tricholoma equestre (L.) P.Kumm.
Tricholoma fracticum (Britzelm.) Kreisel
Tricholoma pessundatum (Fr.) Quél.
Tricholoma roseoacerbum Riva
Tricholoma saponaceum (Fr.:Fr.) P.Kumm.
Tricholoma scalpturatum (Fr.) Quél.
Tricholoma sejunctum (Sowerby:Fr.) Quél.
Tricholoma squarrulosum Bres.
Tricholoma stiparophyllum (N.Lund:Fr.) P.Karst
Tricholoma sulphureum (Bull.:Fr.) P.Kumm.
Tricholoma sulphurescens Bres.
Tricholoma ustale (Fr.:Fr.) P.Kumm.
Tricholoma ustale var. *rufoaurantiacum* Bon
Tricholoma ustaloides Romagn.
Tricholoma viridfucatum Bon
Tricholomopsis rutilans (Schaeff.) Singer

Agaricales

Agaricus arvensis Schaeff.
Agaricus augustus Fr.
Agaricus campestris L.
Agaricus dulcidulus Schulz.
Agaricus impudicus (Rea) Pilát
Agaricus lutosus (F. H. Möller) F. H. Möller
Agaricus praeclaresquamosus A. E. Freeman
Agaricus silvaticus Schaeff.
Agaricus silvicola (Vitt.) Peck
Agaricus urinascens (F. H. Möller & Jul. Schaeff.) Singer
Agaricus xanthodermus Schaeff.
Amanita caesarea (Scop.) Pers.
Amanita citrina (Schaeff.) Pers.
Amanita citrina var. *alba* (Price) Quél.
Amanita codinae (Maire) Singer
Amanita crocea var. *subnudipes* Romagn.
Amanita franchetti (Boud.) Fayod
Amanita gemmata (Fr.) Gillet
Amanita gracilior Bas & Honrubia
Amanita lividopallescens var. *malleata* Piane ex Romagn.
Amanita mairei Foley
Amanita muscaria (L.) Lam.
Amanita pantherina (DC.) Krombh.
Amanita phalloides (Vaill. ex Fr.) Link
Amanita ponderosa Malençon & R.Heim
Amanita rubescens (Pers.) S. F. Gray
Amanita spissa (Fr.) P.Kumm.
Amanita spreta (Peck) Sacc.
Amanita strangulata (Fr.) Quél.
Amanita submembranacea var. *griseoargentata* Contù
Amanita torrendi Justo
Amanita vaginata (Bull.) Vitt.
Amanita vittadini (Mor.) Vittad.
Coprinus alopecia Lasch
Coprinus auricomus Pat.
Coprinus comatus (O. F. Müll.) Pers.
Coprinus disseminatus (Pers.) S. F. Gray
Coprinus leiocephalus P. D. Orton
Coprinus phaecopunctatus Esteve-Rav. & A. Ortega
Coprinus picaceus (Bull.) S. F. Gray
Coprinus xanthorthrix Romagn.
Echinoderma asperum (Pers.) Bon
Echinoderma carinii (Bres.) Bon
Lepiota brunneoincarnata Chodat & Martin
Lepiota carinii Bres.
Lepiota castanea Quél.
Lepiota clypeolaria (Bull.) P. Kumm.
Lepiota echinella Quél. & G. E. Bernard
Lepiota forquignonii Quél.
Lepiota ignivolvata Bousset & Joss.
Lepiota oreadiformis Velen.
Lepiota pseudolilacea Huijsman
Lepiota subgracilis Kühner
Leucoagaricus leucothites (Vittad.) Wasser
Leucoagaricus melanotrichus (Maleçon & Bertault) Trimbach
Macrolepiota excoriata (Schaeff.) Wasser
Macrolepiota excoriata var. *squarrosa* (Maire) Wasser
Macrolepiota fuligineosquarrosa Malençon
Macrolepiota mastoidea (Fr.) Singer
Macrolepiota procera (Scop.) Singer
Panaeolus caliginosus (Jungh.) Gillet
Panaeolus papilionaceus (Bull.:Fr.) Quél.
Panaeolus semiovatus (Sow.:Fr.) S. Lundell & Nannf.
Psathyrella bipellis (Quél.) A. H. Sm.

Psathyrella candolleana (Fr.) Maire
Psathyrella conopilus (Batsch.) Gillet.
Psathyrella hirta Peck
Psathyrella pseudogracilis (Romagn.) M. M. Moser
Psathyrella sarcocephala (Fr.) Singer
Psathyrella spadicea (Schaeff.) Singer

Cortinariales

Agrocybe aegerita (V. Brig.) Singer
Agrocybe semiorbicularis (Bull. ex St.-Amans) Fayod
Alnicola melinoides (Bull.) Kühner
Alnicola scolecina (Fr.) Romagn.
Alnicola subconpersa (Kühner ex P. D. Orton) M. M. Moser
Bolbitius elegans E. Horak, G. Moreno, A. Ortega & Steve-Rav.
Cortinarius alboviolaceus (Pers.) Fr.
Cortinarius anomalus (Pers.) Fr.
Cortinarius balteatocumatilis Rob. Henry ex Orton
Cortinarius balteatocumatilis var. *laetus* (M. M. Moser) M. M. Moser ex Quadr.
Cortinarius bulliardii (Pers.) Fr.
Cortinarius caerulescens (Schaeff.) Fr.
Cortinarius caligatus Malençon
Cortinarius cedretorum Maire
Cortinarius cephalixus Secr.:Fr.
Cortinarius cinnamomeus (L.) Fr.
Cortinarius croceus (Schaeff.) Gray
Cortinarius decipiens (Pers.) Fr.
Cortinarius diosmus Kühner
Cortinarius duracinus Fr.
Cortinarius elatior Fr.
Cortinarius infractus (Pers.) Fr.
Cortinariu infractus var. *olivellus* M. M. Moser
Cortinarius lividoochraceus (Berk.) Berk.
Cortinarius maxistriatulus Rob. Henry
Cortinarius mucifluus Fr.
Cortinarius olearioides Rob.Henry
Cortinarius orellanus (Fr.) Fr.
Cortinarius pseudosalor Lange
Cortinarius purpurascens Fr.
Cortinarius rigens (Pers.) Fr.
Cortinarius roberti-henrici Contu
Cortinarius rubricosus Fr.
Cortinarius rufoolivaceus (Pers.) Fr.
Cortinarius semisanguineus (Fr.) Gillet
Cortinarius sertipes Kühner
Cortinarius sertipes f. *contrarius* (J.Geesink) A.Ortega & Mahiques
Cortinarius stillatitius Fr.
Cortinarius subturibulosus Kizlik & Trescol
Cortinarius terpsichores var. *meridionalis* (Bidaud, Moënne-Locc. & Reumaux) A.Ortega
Cortinarius torvus (Fr.) Fr.
Cortinarius trivialis Lange
Cortinarius trivialis var. *subolivascens* Rob. Henry
Cortinarius umbrinolens P.D.Orton
Cortinarius variicolor var. *nemorensis* (Fr.) Fr.
Cortinarius variiformis Malençon
Cortinarius venetus (Fr.) Fr.
Crepidotus calolepis (Fr.) P. Karst.
Crepidotus caspari Pilát
Crepidotus cesatii (Rabenh.) Sacc.
Crepidotus cesatii var. *subsphaerosporus* (J. E. Lange) Senn-Irlet
Crepidotus epibryus (Fr.) Quél.
Crepidotus microcarpus Malençon
Crepidotus mollis (Schaeff.) Staude
Crepidotus mollis f. *squamulosus* (Cout.) A.Ortega & Vizoso
Crepidotus variabilis (Pers.:Fr.) P.Kumm.
Galerina autumnalis (Peck.) Smith & Singer
Galerina marginata (Batsch) Kühner
Gymnopilus junonius (Fr.) P. D. Orton
Gymnopilus penetrans (Fr.:Fr.) Murrill
Gymnopilus suberis (Maire) Singer
Hebeloma album Peck
Hebeloma anthracophilum Maire
Hebeloma cistophilum Maire
Hebeloma crustuliniforme (Bull.) Quél.
Hebeloma danicum Gröger
Hebeloma edurum Métrod ex Bon
Hebeloma hiemale Bres.
Hebeloma mesophaeum (Pers.) Quél.
Hebeloma mesophaeum var. *lacteum* Vesterh.
Hebeloma sacchariolens var. *pallidoluctuosum* (Gröger & Zschiesch.) Quadr.
Hebeloma sarcophyllum (Peck) Sacc.
Hebeloma sinapizans (Paulet) Gillet
Hypholoma ericaeoides P. D.Orton
Hypholoma ericaeum (Pers.) Kühner
Hypholoma fasciculare (Fr.) P. Kumm.
Inocybe adaequata (Britzelm.) Sacc.
Inocybe albomarginata Velen.
Inocybe amblyspora Kühner
Inocybe amethystina Kuyper
Inocybe asterospora Quél.
Inocybe bongardii (Weinm.) Quél.
Inocybe bongardii var. *pisciodora* (Donadini & Riousset) Kuyper
Inocybe bresadolae Massee
Inocybe cervicolor (Pers.) Quél.
Inocybe cincinnata (Fr.) Quél.
Inocybe cookei Bres.
Inocybe curvipes P.Karst.
Inocybe dulcamara (Alb. & Schwein.) P.Kumm.
Inocybe flavella P.Karst.
Inocybe flocculosa (Berk.) Sacc.
Inocybe fraudans (Britzelm.) Sacc.
Inocybe fraudans var. *incarnata* (Bres.) Bon
Inocybe fuscidula Velen.
Inocybe geophylla (Fr.) P. Kumm.
Inocybe geophylla var. *lilacina* Gillet
Inocybe glabrodisca P.D.Orton
Inocybe griseolilacina J.E.Lange
Inocybe maculata Boud.
Inocybe mixtilis (Britzelm.) Sacc.
Inocybe oblectabilis (Britzelm.) Sacc.
Inocybe posterula (Britzelm.) Sacc.
Inocybe praetervisa Quél.
Inocybe pudica Kühner
Inocybe pusio P.Karst.
Inocybe rimosa (Bull.) P.Kumm.
Inocybe scabelliformis Malençon
Inocybe sindonia (Fr.) P. Karst.
Inocybe tenebrosa Quél.
Phaeomarasmius erinaceus (Fr.) Kühner
Pholiota gummosa (Lasch) Singer
Pholiota highlandensis (Peck) A.H.Sm. & Hesler
Psilocybe coprophila (Bull.) P. Kumm.
Setchelliogaster tenuipes (Setch.) Pouzar
Simocybe haustellaris (Fr.) Watling
Simocybe sumptuosa (P. D. Orton) Singer
Stropharia aeruginosa (Curt.) Quél.
Stropharia coronilla (Bull.) Quél.
Stropharia dorsipora Esteve-Rav. & Barrasa
Stropharia semiglobata (Batsch ex Fr.) Quél
Tubaria conspersa (Pers.:Fr.) Fayod
Tubaria dispersa (L.) Singer
Tubaria hiemalis Romagn. ex Bon
Tubaria romagnesiana Arnolds

Pluteales

Clitopilus cystidiatus Hauskn. & Noordel.
Clitopilus prunulus (Scop.) P. Kumm.
Entoloma bloxamii (Berk. & Broome) Sacc.
Entoloma corvinum (Kühner) Noordel.
Entoloma eulividum Noordel.
Entoloma formosum (Fr.) Noordel.
Entoloma griseoluridum (Kühner & Romagn.) M. M. Moser
Entoloma hebes (Romagn.) Trimbach
Entoloma lividoalbum (Kühner & Romagn.) Kubicka
Entoloma nidorosum (Fr.) Quél.
Entoloma politum (Pers.) Donk.
Entoloma rhodopolium (Fr.) P. Kumm.
Entoloma rugosum (Maleçon) Bon
Entoloma sericellum (Bull.) P. Kumm.
Entoloma serrulatum (Pers.:Fr.) Hesler
Entoloma sinuatum (Bull.) P. Kumm.
Entoloma subradiatum (Kühner & Romagn.) M. M. Moser
Pluteus cervinus (Schaeff.) P.Kumm.
Pluteus nanus (Pers.:Fr.) P. Kumm.
Pluteus petasatus (Fr.) Gillet
Pluteus phlebophorus (Ditmar) P. Kumm.
Pluteus plautus (Weinm.) Gillet
Pluteus podospileus Sacc. & Cuboni
Pluteus romellii (Britzelm.) Sacc.
Pluteus salicinus (Pers.:Fr.) P. Kumm.
Pluteus thomsonii (Berk. & Broome) Dennis
Pluteus tricuspidatus Velen.
Rhodocybe gemina (Fr.) Kuyper & Noordel.
Volvariella bombycina (Schaeff.) Singer
Volvariella caesiotincta P.D. Orton
Volvariella gloiocephala (DC.) Boekhout & Enderle

Russulales

Lactarius acerrimus Britzelm.
Lactarius atlanticus Bon
Lactarius azonites (Bull.) Fr.
Lactarius camphoratus (Bull.:Fr.) Fr.
Lactarius chrysorrheus Fr.
Lactarius cistophilus Bon & Trimbach

Lactarius controversus (Pers.) Pers.
Lactarius decipiens Quél.
Lactarius deliciosus (L.) Gray
Lactarisu evosmus Kühner & Romagn.
Lactarius flavidus Boud.
Lactarius fuliginosus (Fr.:Fr.) Fr.
Lactarius hepaticus Plowr.
Lactarius lacunarum (Romagn.) J. E. Lange
Lactarius luridus (Pers.:Fr.) Gray
Lactarius luteolus Peck.
Lactarius obscuratus (Lasch.:Fr.) Fr.
Lactarius piperatus (L.) S. F. Gray
Lactarius quietus (Fr.:Fr.) Fr.
Lactarius rugatus Kühner & Romagn.
Lactarius sanguifluus (Paulet) Fr.
Lactarius subumbonatus Lindaren
Lactarius tesquorum Maleçon
Lactarius uvidus (Fr.:Fr.) Fr.
Lactarius vellereus (Fr.:Fr.) Fr.
Lactarius violascens (J.Otto:Fr.) Fr.
Lactarius zonarius (Bull.) Fr.
Lactarius zugazae G.Moreno, Montoya, Bandala & Heykoop
Russula acrifolia Romagn.
Russula albonigra (Krombh.) Fr.
Russula amoenicolor Romagn.
Russula amoenicolor f. *nigrosanguinea* Romagn.
Russula amoenicolor f. *olivacea* (Maire) Romagn.
Russula amoenolens Romagn.
Russula anthracina Romagn.
Russula atropurpurea (Krombh.) Britzelm.
Russula aurea Pers.
Russula aurora (Krombh.) Bres.
Russula chloroides (Krombh.) Bres.
Russula cutrefacta Cooke
Russula cyanoxantha (Schaeff.) Fr.
Russula cyanoxantha f. *peltereaui* Singer
Russula decipiens (Singer) Svrcek
Russula delica Fr.
Russula densifolia Secr. ex Gillet
Russula fellea (Fr.) Fr.
Russula foetens (Pers.) Pers.
Russula fragilis (Pers.) Fr.
Russula fragrantissima Romagn.
Russula galochroides Sarnari
Russula globispora (J. Blue) Bon
Russula graveolens Romell
Russula graveolens f. *purpurata* (Crawshay) Keizers & Arnolds
Russula graveolens var. *megacantha* Romagn. ex Bon
Russula grisea (Batsch) Fr.
Russula heterophylla (Fr.) Fr.
Russula insignis Quél.
Russula lepida (Fr.) Fr.
Russula lundellii Singer ex Konrad & Maubl.
Russula lutea (Huds.) F. S. Gray
Russula luteotacta Rea
Russula maculata Quél. & Roze
Russula maculata var. *bresadolana* (Singer) Romagn.
Russula nigricans (Bull.) Fr.
Russula ochroleuca (Pers.) Fr.
Russula olivacea (Schaeff.) Pers.
Russula parazurea Jul.Schaeff.
Russula pectinatoides Peck
Russula pseudointegra Arnoult & Goris
Russula raoultii Quél.
Russula risigallina (Batsch) Sacc.
Russula rubroalba (Singer) Romagn.
Russula silvestris (Singer) Reumaux
Russula sororia (Fr.) Romell
Russula sororia f. *pseudoaffi nis* (Migl. & Nicolaj) Sarnari
Russula subazurea Bon
Russula subfoetens Wm.G.Sm.
Russula torulosa Bres.
Russula vesca Fr.
Russula vinosobrunnea (Bres.) Romagn.
Russula violeipes Quél.
Russula virescens (Schaeff.) Fr.

Boletales

Aureoboletus gentilis (Quél.) Pouzar
Boletus edulis Bull.
Boletus aereus Bull.
Boletus appendiculatus Schaeff.
Boletus erythropus Persoon
Boletus fragrans Vittad.
Boletus impolitus Fr.
Boletus legaliae Pilát
Boletus luridus Sowerby
Boletus luteocupreus Berteá & Estadés
Boletus pseudoregius Hubert ex Estadés
Boletus pulchrotinctus Alessio
Boletus pulverulentus Opat.
Boletus queletii Schulzer
Boletus radicans Pers. ex Fr.
Boletus regius Krombh.
Boletus reticulatus Schaeff.
Boletus rhodopurpureus f. rhodopurpureus Smotlacha
Boletus rhodoxanthus (Krombh.) Kallenbach
Boletus satanas Lenz
Boletus spretus Bertéa
Buchwaldoboletus hemichrysus Berk & M. A. Curtis
Chroogomphus rutilus (Schaeff.:Fr.) O.K.Mill.
Chroogomphus fulmineus (R. Heim.) Singer
Gomphidius roseus (Nees) Fr.
Gyrodon lividus (Bull.) Sacc.
Gyroporus castaneus (Bull.) Fr.
Leccinum corsicum (Rolland) Singer
Leccinum lepidum (H. Bouchet ex Essette) Bon & Contu
Omphalotus olearius (DC.) Singer
Paxillus filamentosus (Scop.) Fr.
Strobilomyces strobilaceus (Scop.) Berk.
Suillus bellinii (Inzega) Watling
Suillus bovinus (L.) Kuntze
Suillus mediterraneensis (Jacquet. & J.Blum) Redeuilh
Tapinella panuoides (Batsch) E. J. Gilbert
Xerocomus armeniacus (Quél.) Quél.
Xerocomus badius (Fr.) Kühner ex Gilbert
Xerocomus chrysenteron (Bull.) Quél.
Xerocomus ferrugineus (Schaeff.) Bon
Xerocomus ichnusanus Alessio
Xerocomus lanatus (Rostk.) Singer
Xerocomus leguei (Boud.) Montagut ex Bon
Xerocomus moravicus (Vacek) Herink
Xerocomus roseoalbidus Alessio & Litini
Xerocomus rubellus (Krombh.) Quél.
Xerocomus subtomentosus (L.) Quél.

GASTEROMYCETIDAE

Phallales

Clathrus ruber P. Micheli ex Pers.
Colus hirudinosus Cavalier & Sechier
Mutinus caninus (Huds.) Fr.
Phallus impudicus L.

Nidulariales

Crucibulum laeve (Huds. Ex Relhan) Kambly
Cyathus olla (Batsch) Pers.
Cyathus stercoreus (Schwein.) De Toni

Tulostomatales

Tulostoma squamosum Pers.

Sclerodermatales

Astraeus hygrometricus (Pers.) Morgan
Pisolithus arhizus (Scop.) Rauschert
Scleroderma areolatum Ehrenberg
Scleroderma cepa Pers.
Scleroderma meridionale Demoulin & Malençon
Scleroderma polyrhizum J.F. Gmel.
Scleroderma verrucosum Bull.
Sphaerobolus stellatus Tode.

Lycoperdales

Bovista aestivalis (Bonord) Demoulin
Bovista dermoxantha (Vittad) De Toni
Bovista plumbea Pers.
Bovistella radicata (Durieu & Mont.) Pat.
Calvatia cyathiformis (Bosc) Morgan
Calvatia excipuliformis (Pers.) Perdeck
Calvatia utriformis (Bull.) Jaap.
Geastrum badium Pers.
Geastrum pectinatum Pers.
Geastrum rufescens Pers.
Geastrum triplex Jungh.
Lycoperdon atropurpureum Vittad.
Lycoperdon echinatum Pers.
Lycoperdon lambinonii Demoulin
Lycoperdon lividum Pers.
Lycoperdon molle Pers.
Lycoperdon nigrescens Pers.
Lycoperdon perlatum Pers.
Lycoperdon umbrinum Pers.
Myriostoma coliforme (Dicks.) Corda
Vascellum pratense (Pers.) Keisel

Hysterangiales

Hysterangium clathroides var. *clathroides* Vidal
Hysterangium inflatum Rodway
Hysterangium stoloniferum var. *rubescens* (Quél.) Zeller & Dodge

Hymenogastrales

Descomyces albus (Klotzsch) Bougher & Castellano
Hydnangium carneum Wallr.
Hymenogaster bulliardi Vittad.
Octavianina asterosperma (Vittad.) Kuntze
Rhizopogon luteolus Fr.
Rhizopogon roseolus (Corda) Th. Fr.